U0396681

水生态文明建设战略
——理论、框架与实践

赵钟楠　李原园　黄火键 等　著

中国水利水电出版社
www.waterpub.com.cn
·北京·

内 容 提 要

　　本书在梳理国内外水生态治理实践的基础上，明晰了水生态文明的概念内涵，分析了我国水生态文明建设的现状形势，提出了我国水生态文明建设的总体战略，明确了流域区域和城乡水生态文明建设的总体布局，提出了推进水生态文明建设的主要对策。本书是一本科学认识水生态文明概念内涵、有序推进水生态文明建设实践、促进人水和谐建设美丽中国的通俗读物。

　　本书可供从事水生态文明建设和水生态保护治理等方面研究的专家、学者借鉴，也可供相关领域的工作人员阅读。

图书在版编目（CIP）数据

水生态文明建设战略：理论、框架与实践 / 赵钟楠
等著. -- 北京：中国水利水电出版社，2020.10
　ISBN 978-7-5170-8908-7

　Ⅰ．①水… Ⅱ．①赵… Ⅲ．①水环境－生态环境建设
－研究－中国 Ⅳ．①X143

中国版本图书馆CIP数据核字(2020)第182325号

书　　　名	**水生态文明建设战略——理论、框架与实践** SHUI SHENGTAI WENMING JIANSHE ZHANLÜE ——LILUN、KUANGJIA YU SHIJIAN
作　　　者	赵钟楠　李原园　黄火键　等著
出 版 发 行	中国水利水电出版社 （北京市海淀区玉渊潭南路 1 号 D 座　100038） 网址：www.waterpub.com.cn E-mail：sales@waterpub.com.cn 电话：(010) 68367658（营销中心）
经　　　售	北京科水图书销售中心（零售） 电话：(010) 88383994、63202643、68545874 全国各地新华书店和相关出版物销售网点
排　　　版	中国水利水电出版社微机排版中心
印　　　刷	北京印匠彩色印刷有限公司
规　　　格	170mm×240mm　16 开本　10 印张　117 千字
版　　　次	2020 年 10 月第 1 版　2020 年 10 月第 1 次印刷
印　　　数	0001—1000 册
定　　　价	**80.00 元**

前言

　　我国在经历了几十年经济社会高速发展"奇迹"的同时，面临着不断严重的生态环境问题。面对"资源约束趋紧、环境污染严重、生态系统退化"的严峻形势，党中央高度重视推进生态文明建设，把推进生态文明建设作为破解资源环境约束，推进经济社会可持续发展的根本举措。党的十九大将"坚持人与自然和谐共生"纳入新时代坚持和发展中国特色社会主义的基本方略，指出"建设生态文明是中华民族永续发展的千年大计"。水是生态之基，水生态环境问题是当前我国最重要的生态环境问题之一，水生态文明建设是生态文明建设的重要内容。针对新形势对水利发展的新要求，为加快推进水生态文明建设的顶层设计，2014 年，作者承担了水利部重大课题"水生态文明建设战略"的研究工作。在历时两年多的研究过程中，作者团队全面梳理有关成果，科学阐述理论内涵，整体建构实施框架，提出了我国推进水生态文明建设战略的总体设想。

　　本书共包括 8 章，主要针对水生态文明建设的概念内涵、目标准则、现状形势、总体思路、主要任务、区域重点等内容开展了相关研究。第 1 章至第 3 章梳理了国内外水生态治理实践，厘清了我国水生态环境的现状和形势；第 4 章和第 5 章明晰了水生态文明的概念内涵，提出了我国水生态文明建设的总体战略，是全书的核心；第 6 章和第 7 章明确了水生态文明建设的战略对策和流域水生态文明建设的重点任务；第 8 章总结了有关结论，提出了下一步建议。本书为在水利建设发展中牢固树立尊重自然、顺应自然、保护自然的生态文明理念，坚持节约优先、保护优先、自然修复为主的基本方针，全面推动水生态文明建设的实践，促进人水和谐和建设美丽中国，提供了重要的支撑。

参与本书撰写的有赵钟楠、李原园、黄火键、曹建廷、王晓红、邱冰、宋博、田英等，其中，第 1 章、第 3 章、第 4 章、第 5 章由赵钟楠、黄火键撰写，第 2 章由王晓红撰写，第 6 章由邱冰、宋博撰写，第 7 章、第 8 章由曹建廷、田英撰写，李原园负责总体统稿。在书稿撰写过程中，还得到了郑州大学左其亭教授、中国科学院生态环境研究中心刘晶茹研究员、武汉大学胡铁松教授、河海大学侯俊教授等专家的大力支持，在此一并表示感谢。

水生态文明建设是一项不断创新的系统工程，涉及的领域众多，从理论到实践都需要进行长期深入的探索。有关的研究还刚刚起步，受认识所限，书中难免有偏颇和疏漏，敬请批评指正。

作者

2020 年 6 月

目录

第 1 章

水 与 生 态 文 明

文明随着人类的产生而产生，并随着人类的发展而进步。随着人类文明的不断演进，人类对自然的开发和利用程度不断加深，伴随而来的资源消耗、环境污染、生态破坏、气候变暖等一系列生态危机日益凸显。水是生命之源、生产之要、生态之基，水对于文明的演进和生态文明的建设发挥了至关重要的作用。深刻理解水与生态文明的相互关系，对于准确把握水生态文明概念内涵和科学推进水生态文明建设，具有重要意义。

1.1 关于生态文明

文明是"人类在处理与自然关系过程中形成的物质和精神成果的总和，是社会进步和人类开化状态的标志"。纵观人类文明的发展历程，可以说人类文明的发展史就是一部人与自然相互关系的演进史。

1.1.1 生态文明的历程

随着文明的不断演进，人类征服自然的能力和强度不断增大，在创造了璀璨文明成果的同时，伴随而来的一系列生态危机使人类意识到不能一味地向自然索取，需要确立人与自然和谐的生态文明观。在这样的理念指导下，人类不断加强对自然的保护，构建新的发展方略，提出可持续发展的理念。

在全球可持续发展的大背景下，面对日益严峻的生态环境问题，我国率先在全球提出了"生态文明"并开展了实践探索。2005 年中央领导在人口资源环境工作座谈会上使用了"生态文明"这一术语。2007 年党的十七大提出"建设生态文明，基本形成节约能源资源和保护生态环境的产业结构、增长方式、消费模式"，并把它作为全面建设小康社会的一项新要求、新任务。这是我党首次把"生态文明"这一理念写进党的行动纲领。2012 年，党的十八大把生态文明建设与经济建设、政治建设、文化建设、社会建设相并列形成"五位一体"总布局。2013 年，党的十八届三中全会进一步提出"建立系统完整的生态文明制度体系，用制度保护生态环境"。2015 年，中共中央国务院发布了《关于加快推进生态文明建设的意见》（中发〔2015〕12 号）和《生态文明体制改革总体方案》（中发〔2015〕25 号），明确了生态文明建设的目标任务和实施路线。在 2016 年发布的《国民经济和社会发展第十三个五年规划纲要》中提出了"创新、协调、绿色、开放、共享"的五大发展理念，把推进生态文明建设提升到了更高的水平。

1.1.2　生态文明的内涵

自 2007 年党的十七大正式提出"生态文明"建设以来，关于"生态文明"概念内涵的讨论日益增多。概括而言，对生态文明的理解有广义和狭义两种类型。从广义来看，生态文明是以人与人、人与自然、人与社会和谐共生为宗旨，以建立可持续的生产方式、健康合理的生活方式以及和谐共生的生存方式为内涵，实现经济社会、生态环境与人的全面协调可持续发展的文明新形态。从狭义来看，生态文明建设是与经济建设、政治建设、文化建设、社会建设相并列的现实文明形式之一，它着重强调人类在处理人与自然关系时所达到的文明形态。

无论是广义还是狭义，生态文明均强调"人与自然和谐"的本质要求。由此可以认为：生态文明是一种人与自然和谐相处的形态，包括人与自然、人与人、人与社会等多层次的和谐，其组成包括物质、精神和制度等不同方面，生态文明的"文明"是通过物质、精神、制度等不同层面，即物质技术、道德认知、制度政策等表现出来的；生态文明贯穿于社会实践的各方面，脱离了社会生产生活，就没有所谓的生态文明。因此可以认为，生态文明是遵循人与自然和谐发展的基本原则，以人与自然和谐共生、持续发展为根本目标，形成的用于指导人与自然关系的物质、精神和制度成果的总和。生态文明的核心是正确处理人与自然的关系，本质是尊重自然、顺应自然和保护自然，组成包括物质、精神、制度多个层面。

1.1.3 生态文明的建设任务

近年来，中央出台了一系列关于生态文明建设的纲领性文件，对于如何建设生态文明都提出了明确的要求。2012年党的十八大报告指出，生态文明建设要优化国土空间开发格局、全面促进资源节约、加大自然生态系统和环境保护力度、加强生态文明制度建设。2013年党的十八届三中全会通过的《关于全面深化改革若干重大问题的决定》（中发〔2013〕12号）中提出生态文明制度建设的四个任务。2015年中共中央国务院发布的《关于加快推进生态文明建设的意见》（中发〔2015〕12号）进一步明确了我国生态文明建设的任务，同年发布的《生态文明体制改革总体方案》（中发〔2015〕25号）提出了生态文明体制改革的总体要求，详见专栏1.1。

专栏1.1

生态文明建设任务

近年来，中央一系列重要文件均对推进生态文明建设提出了具体要求。

2012年党的十八大报告指出，我国生态文明建设的任务包括四个方面：优化国土空间开发格局、全面促进资源节约、加大自然生态系统和环境保护力度、加强生态文明制度建设。

2013年党的十八届三中全会通过的《关于全面深化改革若干重大问题的决定》（中发〔2013〕12号）中提出生态文明制度建设的四个任务：健全自然资源资产产权制度和用途管制制度、划定生态保护红线、实行资源有偿使用制度和生态补偿制度、改革生态环境保护管理体制。

2015年中共中央国务院发布的《关于加快推进生态文明建设的意见》（中发〔2015〕12号）明确了我国生态文明建设的任务：①强化主体功能定位，优化国土空间开发格局：积极实施主体功能区战略、大力推进绿色城镇化、加快美丽乡村建设、加强海洋资源科学开发和生态环境保护；②推动技术创新和结构调整，提高发展质量和效益：推进节能减排、发展循环经济、加强资源节约；③全面促进资源节约循环高效使用，推动利用方式根本转变：推动科技创新、调整优化产业结构、发展绿色产业；④加大自然生态系统和环境保护力度，切实改善生态环境质量：保护和修复自然生态系统、全面推进污染防治、积极应对气候变化；⑤健全生态文明制度体系：健全法律法规、完善标准体系、健全自然资源资产产权制度和用途管制制度、完善生态环境监管制度、严守资源环境生态红线、完善经济政策、推行市场化机制、健全生态保护补偿机制、健全政绩考核制度、完善责任追究制度；⑥加强生态文明建设统计监测和执法监督：加强统计监测、强化执法监督；⑦加快形成推进生态文明建设的良好社会风尚：提高全民生态文明意识、培育绿色生活方式、鼓励公众积极参与；⑧切实加强组织领导：强化统筹协调、探索有效模式、广泛开展国际合作、抓好贯彻落实。

2015 年中共中央国务院发布的《生态文明体制改革总体方案》（中发〔2015〕25 号）提出了生态文明体制改革的总体要求，明确了自然资源资产产权制度、国土空间开发保护制度、空间规划体系、资源总量管理和全面节约制度、资源有偿使用和生态补偿制度、环境治理体系、环境治理和生态保护市场体系、生态文明绩效评价考核和责任追究制度等八项制度建设的具体任务，为加强建立系统完整的生态文明制度体系，增强生态文明体制改革的系统性、整体性和协同性做出了顶层设计。

由此可以看出，生态文明的建设任务具有以下几个特点：一是生态文明建设是一项系统工程，是融入经济建设、政治建设、文化建设、社会建设全过程的"五位一体"总体布局。生态文明建设的"建设"不仅仅是所谓的"生态建设"，同时也是对生产生活方式的革命性变革。二是生态文明建设的手段既包括理念的转变，也包括技术的革新，还包括制度的完善；既包括行政的手段，也包括市场的手段，还包括法律的手段，可谓"软硬兼施、多措并举"。三是生态文明建设在应对资源环境问题时，坚持"源头—过程—末端"全过程管控，既强调通过优化空间布局，加强资源节约，从源头减少经济社会活动对生态系统的压力，同时也重视环境治理和生态修复，从末端恢复已经破坏的生态系统。

1.2　水在生态文明建设中的重要地位和作用

纵观人类文明演进的历史维度和水生态问题的现实维度，水，作为一种重要的自然资源和生态要素，在保障人类发展和维护生态稳定中发挥了重要的核心作用。水在生态文明建设和人类文明发展中都有着重要的地位。

1.2.1　水与文明发展的辩证关系

自古以来，人类总是择水而居、逐水而迁、因水而兴。纵观人类历史上不同文明的发展历程，文明的起源与发展，都得益于水的哺育滋养。世界上几乎所有的国家和民族都把自己国土上流淌的河流比作自己的母亲，正是流经的河流孕育了那里的生命、城市和文明，成为不同文化的发祥之地，繁衍出灿烂的人类文明。非洲的尼罗河孕育了古埃及文明，西亚的幼发拉底河与底格里斯河孕育了古巴比伦文明，印度的恒河孕育了古印度文明，黄河流域和长江流域是华夏民族的发祥地，孕育了伟大的中华文明。

水与文明的演进之间，存在着辩证的关系。

一方面，当人类合理开发利用水时，水对于文明的发展起到了重要的推动作用。"水利兴则文明兴""兴水利，而后有农功；有农功，而后裕国"，在中华文明的发展过程中，水利发挥了巨大作用。中国长期以来是农业社会，而这个农业社会又是在辽阔的地域、复杂多样的地形与气候条件下产生并发展起来的。在中国这片土地上，人类生存最大和经常性的威胁就是水旱灾害。如果不能有效地战胜水旱灾害，我们的祖先就失去生存的基本条件，也就没有任何意义上的文明成果。可以说，水利对于推进中华文明的演进和发展，起到了至关重要的作用。我国古代劳动人民充分利用了自身的聪明才智，兴建了一系列著名的水利工程，从春秋战国时期的安丰塘（芍陂）、都江堰工程、灵渠引漳十二渠灌溉工程、沟通江淮和黄淮的邗沟和鸿沟运河工程以及赵、魏、齐等国修建的黄河堤防工程，到后来的京杭大运河等都是水利史上的杰作，这些水利工程对于增加农业产量、加强区域沟通、保障防洪安全、推动文明发展等都发挥了巨大的作用（专栏1.2）。

专栏 1.2

中国古代著名的水利工程

灵渠：位于广西壮族自治区兴安县境内，于公元前214年凿成通航，是贯通长江流域与珠江流域间的重要水上交通孔道，距今已2200多年，是中国也是世界上最古老的一条运河。灵渠水位高出湘江，开凿工程极为艰巨，并利用"陡门"闸水，以通船运，使原属殊途的湘、漓二水，连通一气，其所用的原理，与巴拿马运河完全相同，不过却早了2000余年。灵渠除航运外，亦有灌溉之利，是中国古代水利工程中较少人知的一项瑰宝。灵渠对于推动岭南地区发展、推进长江流域和珠江流域的文明交流，发挥了重要的作用。

都江堰：位于四川成都西侧灌县境内。秦昭王在位后期（公元前 276 至前 256 年），蜀郡守李冰在蜀人治水经验的基础上，于成都平原顶点，岷江刚出山口的江心中"造堋雍水"，叠砌分水鱼嘴，把岷江一分为二。"外江"为岷江正流（南江），泄洪排沙；"内江"为灌溉水渠（北江），导水灌田，使成都平原平畴万顷，沃野千里，后魏郦道元《水经注》说：蜀郡"水旱从人，不知饥馑，沃野千里"，时人称为"天府"。都江堰的创建，是川西古代先民为抵御水旱灾害求生存和发展而与大自然搏斗的产物，都江堰对于四川的文明发展起到了重要作用。

京杭大运河：是沟通中国南北水路交通的大动脉，由多条运河组而成，以人工沟渠连通天然水系，结合人力与自然条件修凿的一条南北向巨大输运航道。大运河北起北京，南迄杭州，纵贯冀、鲁、苏、浙，沟通海河、黄河、淮河、长江、钱塘江五大水系，全长 1740km。开山凿渠，引水通漕，贯通南北，有灌溉通运两利，是世界上最长、最古老的一条大运河。京杭大运河的开通，对于推进我国南北方的沟通交流，促进中华文明的融合，发挥了至关重要的作用。

另一方面，当人类违背自然规律，过度开发利用水资源的时候，水会反过来对人类文明产生严重影响。历史上因人类活动造成的水生态环境破坏事件比比皆是：古巴比伦文明可谓"成也灌溉，败也灌溉"。文明的开始是利用水灌溉，最终也是因灌溉不当造成环境问题严重而使文明陨落。希腊、小亚细亚等地区的古代居民，为了得到耕地，不惜毁灭森林，但是他们做梦也想不到，因为失去了森林，所以失去了水分的积聚中心和储藏库，最终让这些地区成为不毛之地，文明也随之消亡。近代以来，"咸海危机"更是一个典型的案例。咸海曾经是世界上最大的内陆湖之一，20世纪50年代后期，苏联开始较大规模地开发利用流入咸海的阿姆河和锡尔河，大量的水被用于灌溉，结果导致咸海大面积萎缩，联合国环境规划署在一份报告中认为："除了切尔诺贝利外，地球上恐怕再也找不出像咸海流域这样生态灾害覆盖面如此之广，涉及人数如此之多的地区。"对包括水在内的各种资源不合理的开发利用也给历史上的中华文明带来影响。据史料记载，现在植被稀少的黄土高原、渭河流域也曾是森林遍布、山清水秀，由于毁林开荒、过度开发，这些地方的生态环境遭到严重破坏。楼兰古城因屯田开荒、盲目灌溉，导致孔雀河改道、不断干涸，最后导致文明消亡。

恩格斯曾经指出："我们不要过分陶醉于我们人类对于自然界的胜利。对于每一次这样的胜利，自然界都会对我们进行报复。每一次胜利，起初确实取得了我们预期的结果，但是往后和再往后却发生完全不同的、出乎意料的影响，常常把最初的结果又消除了。"人因水而生、因水而起、因水而兴。人类文明史上这一个个鲜活的事例不断证明：人与水是一种共生关系，对包括水在内的自然系统的伤害会最终伤及人类自身，只有尊重自然规律，顺应自然规律，因势利导、顺势而为，才能实现人与水的和谐，才能实现人类文明的不断发展。

1. 2. 2　水在推进生态文明建设中的作用

正因为水对于人类文明演进的重要意义，在当前推进生态文明建设中，水也必然要发挥核心和保障作用。

9

　　水是生态文明建设的重要基础。水是生态之基，是生态环境的控制性要素，是生态文明的基础和载体，是人类生活和生产活动必不可少的物质。生态文明建设既需要通过对水资源进行合理开发、优化配置和科学管理，为保障经济社会对水资源的合理需求提供支撑，也需要通过加强水资源保护和水生态修复来保障和改善水生态安全，增强可持续发展的保障能力。

　　水是生态文明建设的重要领域。生态文明建设的核心是用人与自然和谐的理念来重新规范人类对各种自然资源的开发利用方式，水是重要的自然资源和生态要素，加上目前水问题又是最严峻、最复杂的生态环境问题，改造人水关系，成为生态文明建设的重要内容之一，水也成为生态文明建设的重要领域。

　　水是生态文明建设成效的表征载体。"绿水青山就是金山银山""看得见山望得见水记得住乡愁"，这些都说明，生态文明建设的好不好，水是一种重要的表征，美丽河湖就是美丽中国的重要生态基础。水生态环境没有替代品，用之不觉，失之难存。只有不断改善水生态系统健康状况，实现"山青、水净、河畅、湖美、岸绿"的美好愿景，才能说生态文明建设成效显著。

　　由此可以认为，水是生态文明建设的重要基础、重点领域，水生态文明建设，必然也应该成为生态文明建设的重要组成和基础保障。

1.3　水生态文明建设的实践探索

1.3.1　历程与实践

　　"水生态文明"是伴随着生态文明的提出而提出的。尽管

"水生态文明"的提法出现较晚，但相关工作一直在开展。从20世纪70—80年代起，随着水生态环境问题不断突出，水生态环境治理与保护工作不断加强。进入21世纪以来，面对日益严峻的水生态环境问题，需要进一步转变治水理念，而水生态文明建设的提出，成为顺应这一历史要求的一种必然。2013年，在中央推进生态文明建设的总体部署下，水利部提出了"水生态文明建设"，成立了水利部水生态文明建设领导小组，印发了《水利部关于加快推进水生态文明建设工作的意见》（水资源〔2013〕1号），提出了把生态文明理念融入到水资源开发、利用、治理、配置、节约、保护的各方面和水利规划、建设、管理的各环节，明确了水生态文明建设的重要意义、指导思想、基本原则、总体目标和主要任务。该意见成为水利部门全面落实国家生态文明建设总体部署和加快推进水生态文明建设的行动纲领。在此背景下，水利部主要流域机构结合自身流域特点，进行了流域层面的水生态文明建设实践，具体示例见专栏1.3。同时，省级行政区也积极响应水利部关于水生态文明建设试点工作的战略部署，先后开展了以国家水生态文明建设方针政策为统领、融入各地水情特征的水生态文明建设工作（专栏1.4）。

专栏 1.3

水生态文明流域层面的建设实践示例

1. 长江流域

为科学地制订长江流域治理开发与保护的总体部署，水利部等部门组织编制完成了《长江流域综合规划》（国函〔2012〕220号），并于2012年12月获得国务院批复。规划涵盖了防洪减灾、水资源综合利用、水资源与水生态环境保护、流域综合管理四大规划体系，体现了水生态文明建设在长江流域的探索实践。具体来看，该规划提出将在下列几方面促进长江流域水生态文明建设：①完善流域防洪减灾措施，协调好防洪与水资源综合利用、水生态环境保护的关系，提高流域抗御特大洪水灾害的能力；②合理配置和高效利用水资源，逐步完善全国水资源优化配置格局；③加强水资源与水生态环境保护，严格控制生态环境敏感区域的治理开发活动，加强长江上中游水土保持，强化水土流失预防监督和生态修复；④强化流域综合管理，建立健全涉水事务的制度、管理、监督、监测。

2. 黄河流域

近年来黄河流域经济社会发展迅速，水资源供需矛盾更趋突出，黄河流域的水生态文明建设，既带有中国水问题的普遍性，又具有黄河流域自身的特殊性。遵照水利部总体部署，黄河水利委员会和黄河流域各省（自治区）水行政主管部门在黄河流域开展了一系列具有流域特色的水生态文明建设的探索与实践，主要体现在：①建立黄河水资源水生态保护管理体系；②完善水功能区划及水资源与水生态保护规划体系；③加强水功能区限制纳污管理；④开展水生态保护与修复基础研究及实践工作；⑤强化饮用水水源地和地下水保护与安全保障；⑥完善突发性水污染事件应急机制；⑦加强水质水生态监测网络建设；⑧提高水生态保护科技支撑能力。

3. 珠江流域

当前和今后一段时期，是珠江流域东部地区现代化，中西部地区实现经济转型、加快发展的关键时期，经济社会的发展特别是加快转变经济发展方式对生态环境提出了更高的要求。珠江流域水生态文明建设的要点包括：严守水资源开发利用、水功能区限制纳污及用水效率控制三条红线，强化水资源配置与节约，有效遏制水资源浪费现象，不断提高水资源利用效率和效益，使流域经济社会发展与水资源承载能力相协调。目前，水资源保护规划体系已基本形成，以水功能区管理为核心的流域水资源保护工作已全面展开，水生态保护与修复得到了进一步重视。

4．石羊河流域

石羊河流域位于甘肃省河西走廊东端，是我国内陆河流域中人口最密集、水资源开发利用程度最高、用水矛盾最突出、生态环境问题最严重的流域之一。建设石羊河流域生态文明，加快推进综合治理，具有极其重大的现实意义。石羊河流域生态文明建设的总体思路是通过制度建设和高新技术措施，以民勤盆地为重点实施全流域综合治理，全面推进节水型社会建设，促进全流域协调发展，使流域生态环境状况逐步改善。

专栏 1.4

水生态文明省级层面的建设实践示例

1．山东省

山东省以"三条红线"管理为抓手，落实严格的水资源管理制度，以水工程建设为依托，精心打造水景观，宣传水文化，带动、引导全社会的生态文明建设，实现了从粗放型管理向精细化管理转变，从供水管理向需水管理转变，从水资源开发利用为主向开发保护并重转变，从局部水生态治理向全面建设水生态文明转变。

第一，明确了开展水生态文明城市创建工作的总体指导思想。遵循生态平衡的法则和要求，以城市河湖型水利风景区为依托，以提升城市防洪能力和生态功能为前提，以水资源可持续利用、水生态体系完整、水生态环境优美为主要目标。

第二，建立了水生态文明城市创建工作联席会议制度。建立了由副省长任总召集人，以相关部门为成员的联席会议制度；成立了以厅主要负责人为组长的创建指导小组。各市、县政府把水生态文明建设纳入政府考核目标，形成了在更大范围、更高层面上推进水生态文明建设创建工作的合力。

第三，山东省质监局批准发布了《山东省水生态文明城市评价标准》（DB37/T 2172—2012）。这是我国第一个水生态文明城市省级地方评价标准。其中，评价项目包括水资源体系、水生态体系、水景观体系、水工程体系、水管理体系五个方面。

第四，进行科学的顶层设计。出台了《关于开展水生态文明城市创建工作的意见》（鲁政办发〔2012〕68 号）。依据生态平衡的法则和要求，以城市总体规划为基础，以构建现代水网为依托，结合河道防洪治理、水利风景区创建、生态水系建设，以提升城市防洪能力为前提，充分发挥生态系统的自我修复能力，制订了科学的规划。

第五，逐步完善保障机制。启动水生态保护与修复立法，为水生态文明建设提供法律保障；山东省财政设立专项资金，每年投入 1 亿元用于奖励水生态文明城市建设达标单位；拟成立省水生态文明促进会，探索符合山东本省特色的水生态文明建设相关理论；建立政府引导、市场推动、多元投入、社会参与的投入机制。

2. 山西省

山西省大力建设"两纵十横、六河连通、纵贯南北、横跨东西、多源互补、保障供应、丰枯调剂、结构合理、稳定可靠、配置高效"的山西大水网。以该水网工程建设为载体，着力构建全面节水、兼具供水和水生态修复功能的现代山西供水网络，保障供水安全和生态用水，体现民生为本。具体措施包括以下五个方面。

第一，全面实施主要河流生态综合治理与水量调控工程。重点之一是对主要河流实施全面的生态综合治理。重点之二是实施水污染防治工程，包括：①加强污染负荷的源头减排、污水收集管网与处理、面源污染的治理与修复；②建立城镇生产生活污水收集，切实提高污水处理能力和实际处理率，控制入河污染物排放；③实施河道生态综合治理工程，改善水生态；④实施河道清淤疏浚、岸坡整治加固、河流湿地修复等美化工程，改善沿河生态环境；⑤实施河流上游生态治理工程，涵养水源，主要措施为划定河源保护区，取缔河源区小煤矿和个人采石场，实施林业生态与植被建设；⑥实施水量优化配置和调控工程，维持生态用水。

第二，以盆地地下水超采区治理为重点，实施地下水关井压采治理，实现地下水止降返升。山西省地下水超采区治理工作以"节水为先、关井为主、替代水源为保障"的思路稳步推进。首先是开展节水型社会示范建设，采用价格杠杆促进节约用水，加强地下水开采利用的计量与监控，控制工业、生活及农业灌溉用水。其次是依托山西大水网供水系统建设，实施水源置换和关井压采，压缩地下水开采量，实现区域地下水采补平衡，促进地下水水位的止降回升。地下水水位升降纳入政府年度责任目标考核，实行行政首长负责制。

第三，以娘子关综合治理为示范，全面实施山西省岩溶泉域水生态修复与保护工程，实现泉水复涌量稳。主要采取了泉源区农村旱厕改造、农村垃圾处理、工业污染源控制、农业污染源控制、泉口景区建设与拆迁、泉源区水土保持与绿化等治理措施。

第四，加快推进矿山生态环境治理与修复。实施采煤区生态修复工程，保护矿山水资源。①对于矿坑水根据水质特点采取清浊分流、自然沉降、混凝沉淀、过滤、消毒等不同的处理方式，回用于生活、工业、农业灌溉和生态用水。②大力推动煤矸石综合利用，提高利用率，做好矸石山生态治理。

第五，实施晋西黄土高原水土保持工程。开展水土保持植被建设，有效减少入河泥沙量，退耕还林还草，真正做到生态优先，提高黄土覆盖地区生态系统的服务功能和水源涵养能力，改善生态系统功能。

2013 年和 2014 年，全国启动了两批水生态文明建设试点城市工作，共有 105 个城市结合自身特点，围绕推进水生态文明建设积极开展探索，提出了水生态文明建设指标体系和实施方案，为全面系统地推进水生态文明建设，提供了充分的实践经验。这些试点城市结合所在区域的水生态禀赋特点，针对主要的水生态环境问题，创造性地提出了不同区域的水生态文明建设模式：北方城市以控制水资源开发利用，加强水生态修复为主；南方城市以提高水资源利用效率，改善水环境质量为主；西部城市以改善水生态脆弱性，提高水生态承载力为主。

通过试点带动，水生态文明建设不断向深入推进。2015 年 10 月，水利部在组织开展的部分试点城市调研工作中发现，在水生态文明城市试点工作的带动下，试点城市围绕水生态环境保护、治理和修复开展了一系列工作，较好地解决了一批城市的水问题，取得了明显的阶段性成果，初步构建了系统完整、空间均衡的城市水生态格局，人居环境明显改善。105个试点城市的水生态文明建设探索，为全面推进水生态文明建设打下了良好的基础（示例见专栏1.5）。

专栏1.5

试点城市水生态文明建设示例

1. 哈尔滨

哈尔滨市水生态文明建设遵循"以松花江为纲、以水定城、以水兴城"的理念，以建设"大江安澜，湖库明净，内河水秀，滩岛生态"的健康水生态系统为目标。突出水生态文明体制机制和制度体系、水资源优化配置及节约用水体系、防洪排涝保障体系、水环境改善体系、水生态系统保护与修复体系、水文化与水景观提升体系，六大体系建设。计划在2014年至2016年试点期内重点投资125亿元，建设新仁灌区续建配套与节水工程、松花江南北岸堤防防汛抢险通道工程、阿什河干流道外香坊段防洪及河道整治工程、松花区生态水系一期工程、磨盘山水库保护工程、群力污水处理厂二期扩建工程、朝阳水质净化厂工程、"三沟"水景观工程等示范工程。提高灌区农业节水效率，改善水环境质量，加强江河防洪能力，打造松北水网，保护水源地生态环境，提升松花江避暑城及"三沟"景观品质，支撑哈尔滨市"一江为轴、两岸繁荣"的城市总体部署，展示哈尔滨夏季湿地壮美、冬季冰雪豪迈的特色水景观与水文化。

2. 徐州

徐州市水生态文明的总体目标是通过水生态文明试点建设，

构建严格控制有效考核的水资源管理体系、优化配置高效利用的水资源配置体系、人水和谐河湖健康的水生态环境体系、集约高效配套完善的供水保障体系、安全达标引排畅通的防洪排涝保障体系、汉风乐舞山水彭城的水文化体系，不断提升全市水生态环境、管理、用水意识的文明水平，实现"河湖连通润彭城、人水和谐惠民生"的总体目标，徐州市主要通过实施水资源管理、防洪排涝与供水安全、水环境综合整治、水生态保护与修复、节约用水、水生态文明宣传等六项内容来实现该目标。

3．扬州

扬州市水生态文明的建设目标是基本构建与扬州城市发展相适应和协调的水生态系统，使水生态系统完整，生态服务功能健全；最严格水资源管理制度得到确立和落实，节水型社会基本形成；通过"外防、内排、活水、控污、清水"等工程建设，明显提升水安全保障能力、水资源供给能力、水环境保护能力、水生态修复能力、水经济发展能力和水文化提升能力，实现"河畅、水清、岸绿、景美"，基本建成"清水活水""不淹不涝"城市；水生态文明理念深入人心，珍惜、节约、保护水资源与水生态的意识大大增强；水生态敏感性城市规划得到推广及应用，城市品位得到提升。试点期内，着力进行"六大体系"建设，形成"一轴、一带、两区、多点"的水生态文明建设格局，基本建成"清水活水""不淹不涝"城市。六大体系包括：严格高效的水资源管理体系、可防可控的水环境保护体系、健康良性的水生态保护与修复体系、合理易调的水资源配置体系、安泰无虞的防洪与饮水安全保障体系、丰富的水文化和优美的水景观体系。

4．苏州

苏州市水生态文明建设的总体目标是：通过水生态文明建

设，形成经济社会快速发展高污染源强条件下水环境综合治理模式，河湖水质得到根本性改善，全面满足水体功能和公众宜居宜游需求；"江-河-湖-塘"水生态系统整体得到修复，阳澄湖等重点河湖水生态环境状况明显转好，区域水生态系统健康状况基本恢复20世纪80年代水平；最严格水资源管理制度得到有效落实，水利现代化管理水平稳步提升；涉水产业发展与生态环境保护协调发展，水生态环境对经济发展的正向推动作用得到凸显；水系连通格局得到优化，防洪排涝、城乡供水等安全保障能力不断增强；彰显苏州"青山绿水、小桥流水、园林静水"特色的水文化内涵得到有效传承和发展，水生态文明理念深入人心，实现苏州市"水清可渔、水美怡人、水兴民富"的水生态文明建设目标。为实现水生态文明建设的目标，苏州开展了十项主要实施内容和十项重点示范项目。十项主要实施内容包括：湖泊整治工程、河网水质提升工程、节水减排与控源截污工程、清水涵养工程、生态河道建设工程、防洪排涝达标工程、城乡供水安全升级工程、涉水产业生态改造工程、水资源现代化管理工程、水生态文明意识提升工程。

5. 九江

九江市水生态文明建设的总体目标是通过水生态文明建设，进一步彰显"山水名城"的独特魅力，建成健康的水生态环境体系、健全的防洪排涝保障体系、科学严格的水资源管理体系、先进特色的水文化及水景观体系，将九江建设成为深具地方特色和活力的著名水生态文明城市，实现"河湖通畅风光美，宜居宜游惠民生"的总目标。通过水生态文明建设，营造"城在水中、水在城中、人在绿中"，人-水-城相依相伴、和谐共生的城市风貌和人居环境，塑造现代新型人水和谐关系，进一步提升城市品质，推进国际一流生态观光度假休闲旅游胜地的建设，打造举世闻名的"庐山驿站，中国水乡"。为实现以上目标，九江市将水生态文明建设的主要任务定位以下四个方面：建设健康的水生态环境体系、建立健全的防洪排涝保障体系、建立科学严格的水资源管理体系、建设先进特色的水文化及水景观体系。

6. 西宁

西宁市通过水生态文明试点建设，逐步恢复以湟水为轴、南北川延伸、地表地下兼顾、陆域水域相呼应的水生态文明系统。西宁市水生态文明城市建设的总体布局实施以城区为重点，兼顾城镇，形成"一横、两纵、三群、四片、五块"的空间布局。其四大水生态文明体系为：在水利用体系方面，包括防洪体系建设、供水安全体系建设、水资源的合理开发利用等内容；在水管理体系方面，严格水资源开发利用总量控制管理、严格用水效率控制管理、建设水资源管理责任考核机制；在水生态体系方面，通过实施河道治理、水污染防治、砂石资源治理等工程，建设"一横两纵"绿色景观生态廊道；在水文化体系方面，深入推进水情教育与水生态文明宣传，倡导志愿者的水生态保护行动，积极开展公众亲水生态环境建设，推进水文化传承与发展，深入开展水生态文明科学技术研究。

1.3.2　存在的问题

近几年来水生态文明建设的理论和实践探索不断推进，然而水生态文明建设作为一项全新的系统工程，在目前建设的初级阶段，不可避免地会出现一些问题，主要表现在以下几点：

（1）认识存在偏差。关于水生态文明建设的认识，目前存在以下偏差：一是认为水生态文明建设等同于水生态保护和修复，即重"生态"、轻"文明"，认为水生态文明建设就是搞水资源保护、水污染防治和水生态修复。实际上水生态文明建设重在"文明建设"，即从新的生态文明理念来改造原有的观念和行为，而水生态保护只是水生态文明建设的一种"外在表现"，重要的还是"修炼内功"。二是认为水生态文明建设就是搞好水生态工程建设，这种意识是传统的工程水利思路的延续，对水文化的认识也仅仅限于历史人文、水景观等内容。水生态文明建设既重视硬件建设（即工程建设），更强调软件建设（即包括丰富内涵的水文化、制度的建设），从某种意义上说，水文化和水管理制度建设对于推进水生态文明建设更为重要。

（2）缺乏顶层设计。水生态文明建设是一项系统工程，涉及防洪抗旱减灾、水资源优化配置、农田水利、水生态保护与修复等多领域，涉及规划、设计、建设、管理等全过程。如何针对水生态环境现状及问题，考虑我国不同类型地区的差异性，合理确定水生态文明建设的总体目标、主要任务和优先领域，尚缺乏系统的顶层设计。

（3）缺少评判标准。一是缺乏规范的水生态文明评价指标体系。从生态文明建设的指标体系来看，国家发展和改革委员会《国家生态文明先行示范区建设方案》（发改环资〔2013〕2420号）、《生态文明建设考核目标体系》（发改环资〔2016〕2635号）涉水的指标差别较大。从水生态文明建设的指标体系来看，第一批试点城市的指标体系各不相同。二是缺乏规范的水生态文明评判标准。目前仍然缺少规范的水生态文明评判标准来评价推进水生态文明建设的实施效果。

（4）制度政策不完善。推进水生态文明建设的关键在于制度保障。党的十八届三中全会明确提出，要加快生态文明制度建设。目前与水生态文明建设有关的制度体系尚未建成，已有的政策较为零散：或针对某些特定的问题，或散见于综合性的政策中。尤其是有关的标准准则和规范，离生态文明建设的要求相去甚远。这就导致水生态文明建设缺少规范约束和制度保障，严重影响水生态文明建设步伐。

上述问题，存在于水利建设的各个领域。专栏 1.6 从水利行业主要领域出发，总结了现阶段水生态文明建设存在的问题。

专栏 1.6

水利行业主要领域水生态文明建设存在问题分析

从防洪抗旱、水资源节约与保护、供水、农田水利、水力发电、保护修复、地下水开发利用七个领域出发，分析汇总水生态文明建设主要存在问题如下。

防洪抗旱领域存在的问题主要包括：①在防洪抗旱理论指导层面，缺乏对人水和谐理念的深入思考；②生态保护意识不强，在防洪工程中较少考虑生态保护与修复；③技术力量薄弱，防洪抗旱技术方法落后、效率不高，对生态环境破坏严重；④以防而防的传统思维模式尚未转变，洪水资源利用意识低。

水资源节约与保护领域存在的问题主要包括：①社会公众的节水意识淡薄；②局部水体污染严重，可供开发利用的水资源量不足；③水资源节约与保护管理体制不健全，多龙管水现象依然没有得到有效解决。

供水领域存在的问题主要包括：①水资源过度开发引起的水资源短缺、水环境恶化、水生态退化等问题严重；②公众节水意识偏低，污染、浪费等现象严重，关于水的稀缺性意识不强；③供水设备老化，管网建设落后，供水损失率高且保障率低；④水价形成机制不完善。

农田水利领域存在的问题主要包括：①基础设施不完善且运用不当，造成水资源浪费现象严重；②管理体制与运行机制不健全，工程治理和投资效益偏低；③节水技术落后，用水效率不高；④农业面源污染严重，对生态环境产生不利影响。

水力发电领域存在的问题主要包括：①水库淹没和移民安置问题突出；②基础建设投资大，对自然景观、生态环境的影响较大；③资金短缺、设计标准低且管理机制不健全；④新中国成立初期，水利工程得到了全面恢复和发展，但由于对生态环境考虑得较少，致使水电开发对河流健康、水生生物多样性的影响程度较大。

保护修复领域存在的问题主要包括：①理念陈旧，与时代发展需求不匹配；②水资源、生态、环境的管理制度不完善、管理模式落后，公众参与性差；③水资源节约与保护宣传力度不够，水生态治理技术落后。

地下水开发利用存在的问题主要包括：①缺乏健全的地下水管理和保护制度，地下水管理力度不足；②地下水管理技术落后；③地下水超采引发地下水位下降，造成地面沉降、海水入侵、生态恶化等，这些现象仍未得到有效控制；④地下水资源污染较为严重，生态环境遭受严重破坏。

综上所述，虽然水生态文明建设实践探索目前方兴未艾，但是由于对水生态文明概念内涵认识存在偏差，加上水生态文明建设的规划安排、体制政策、技术标准等方面的滞后，我国水生态文明建设的全面深入推进仍面临着重重障碍。因此，亟须统一对水生态文明的科学认识，进而针对我国水生态文明建设的现状问题，提出水生态文明建设的总体构想，构建水生态文明建设的制度体系，完善水生态文明建设的评判标准，从而系统、全面、科学地推进我国水生态文明建设的整体步伐。

第 2 章

我国水生态环境现状与形势

正确认识我国水生态环境特点和问题，进而剖析推进水生态文明建设的形势与挑战，是科学提出我国水生态文明建设思路、目标和主要任务的基础。本章系统梳理了我国水生态环境的主要问题，阐述水生态文明建设面临的形势和挑战，为系统认识和谋划水生态文明建设战略提供现实基础。

2.1 我国水资源禀赋特点

水是生态环境的控制性要素，水资源禀赋特点直接决定了生态环境基本情况。我国水资源总量丰富但人均水资源量不足，水资源时空分布不均，水土资源与经济社会发展布局不匹配，这是我国最基本的国情和水情。

从河湖水系来看，我国河流、湖泊众多，但以中小河湖为主。根据第一次全国水利普查，全国流域面积在 100km² 以上的河流有 2.3 万条，大于 10000km² 的只有 228 条；天然湖泊在 1km² 以上的有 2800 多个，大于 100km² 以上只有 129 个。河网密度和湖泊分布不均。南方部分地区河网密度可达 2km/km²，北方地区河网密度一般不超过 0.2km/km²；湖泊相对集中在青藏高原湖区、东部平原湖区、蒙新湖区、东北山地和平原湖区、云贵高原湖区五个比较集中的湖泊区，其中青藏高原湖区湖泊面积约占全国的 40% 以上。

从水资源条件来看，我国水资源总量多，但人均水资源量少，水资源时空分布不均匀。全国多年平均水资源总量为 28412 亿 m³，北方地区水资源总量为 5267 亿 m³，占全国的 18.5%；南方地区水资源总量为 23145 亿 m³，占全国的 81.5%。人均水资源占有量仅 2100m³，为世界平均水平的 28%。水资源的年内和年际变化显著，6—9 月的降水量占全年的 60%~80%，丰水年降水量为枯水年的 2~6 倍。

从水旱灾害来看，特殊的水情和自然地理条件决定了我国是一个水旱灾害频发的国家。我国的洪涝灾害发生具有季节性和相似性。除沙漠、极端干旱区和高寒区外，我国其余大约 2/3 的国土面积都存在不同程度和不同类型的洪水灾害，其中七大江河和滨海河流地区是我国洪水灾害最严重的地区。我国干旱、半干旱地区面积约占全国总面积的 60%，北方水生态脆弱区耕地面积占全国的 64.8%，70% 以上地区全年降水量不足 300mm，每年因缺水而使 1300 万~4000 万 hm² 农田受旱。

2.2　我国水生态环境主要问题

水资源禀赋条件决定了我国是一个生态环境较为脆弱的国家。近年来，随着城镇化和工业化进程的不断加快，经济社会发展对水的影响与日俱增，水生态环境问题逐渐从局部向全局演变，新老水问题相互交织，日益成为经济社会可持续发展的重要制约因素。

2.2.1 水生态涵养空间和能力退化

随着人口持续增长和经济社会持续高强度开发，水源涵养区、河湖沼泽区、蓄洪滞涝洼淀区、湿地绿洲区、水生生物栖息地等水生态涵养空间不断缩减，涵养功能不断退化，水生态空间格局变化显著。

1. 水土流失

我国是世界上水土流失最严重国家之一，根据第一次全国水利普查成果，全国水土流失面积（水蚀、风蚀）为 295 万 km²，占国土面积的 31%。黄土高原水土流失面积比例达 71%，是中国乃至世界上水土流失最严重、生态环境最脆弱的地区。水土流失年均土壤侵蚀量 45 亿 t，每年淤积水库库容 16 亿 m³、损毁耕地 6 万多 hm²。每年因开发建设等人为因素新增水土流失面积超过 1 万 km²。

2. 河流断流

根据第二次全国水资源及其开发利用调查评价成果，北方地区调查的 514 条河流（总长度 13 万 km）中，2000 年有 49 条河流发生断流，断流河段总长度 7428km，占断流河流总长度的 35%（图 2.1）。海河区、辽河区和西北诸河区等河流断流情况最为严重，其断流河段长度分别占其断流河流总长度的 51%、39% 和 33%。

3. 湖泊湿地萎缩

河湖面积大量萎缩，20 世纪 50 年代以来，面积大于 10km² 的湖泊有 230 余个萎缩，其中干涸 89 个；总萎缩面积约 1.4 万

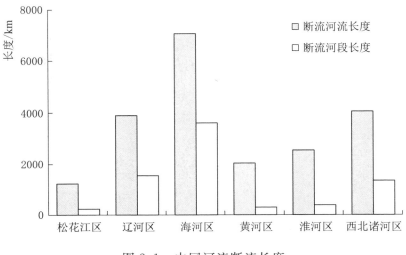

图 2.1　中国河流断流长度

km²，约占现有湖泊面积的 18%；湖泊储水量减少 517 亿 m³。20 世纪 50 年代以来，全国共围垦湿地 3.0 万 km²，直接导致蓄水能力降低 200 亿～300 亿 km³，全国天然陆域湿地面积减少了 28%。

4. 蓄洪滞涝空间挤占

根据《全国蓄滞洪区建设与管理规划》（水规计〔2019〕499 号）的统计，列入《蓄滞洪区运用补偿暂行办法》（国务院令第 286 号）中的 97 处国家蓄滞洪区总面积为 31709km²，区内人口 1661 万人，耕地 2585 万亩❶。人口和耕地数量较多，既对区域内生态环境造成一定影响，又严重影响流域防洪安全。

5. 水生生物栖息地破坏

受到水利工程，尤其是水坝建设，以及河湖湿地萎缩等因素

---

❶　1 亩 ≈ 666.67m²

影响，水生生物栖息地不断缩减、破坏乃至丧失。长江流域珍稀鱼种白鱀豚种群数量从 20 世纪 80 年代 400 头左右降低到 1994 年 100 头以下，而目前种群数量仍在迅速减少，濒临灭绝。

2.2.2　河湖水沙循环条件变化显著

特殊的国情水情，决定了我国必须依靠建设水库等水利工程来满足经济社会发展的需求，加上人类活动对下垫面条件的剧烈影响，许多河湖的水文条件、泥沙输移状况较之历史上有较大变化，河湖水文-生态过程变化显著，产生了一系列的河湖生态问题。

1. 江河径流特征变化明显

我国主要流域水资源量发生明显变化，根据第二次全国水资源调查评价和水资源公报，我国部分流域水资源量减少，北方的海河区、黄河区和辽河区 1991—2010 年多年平均水资源量比 1961—1990 年分别减少 19％、17％和 8％（图 2.2）。同时，主要江河径流减少显著，海河、黄河主要控制站 1980—2010 年平均径流量比 1950—1979 年分别减少了 65％、56％。

2. 水沙条件变化显著

受人类活动和气候变化的影响，我国主要河流的水沙条件也发生了明显变化。一方面，江河径流减少导致输沙能力减弱，致使部分河段淤积加重；另一方面，水沙条件变化，改变了原有的径流、泥沙、河床边界之间的动态平衡，导致河床下切、河岸崩塌、河势摆动严重，甚至导致河湖连通关系发生新的变化，给河流健康和生态功能带来严重影响。有关研究成果表明，近十几年来长江下荆江河段河床平均冲深 5.5～6.1m，鄱阳湖湖口水位平均下降 1.8m。清水下泄引起长江中下游河道冲刷明显，河道崩岸有所加剧，河势稳定和堤防安全受到威胁。

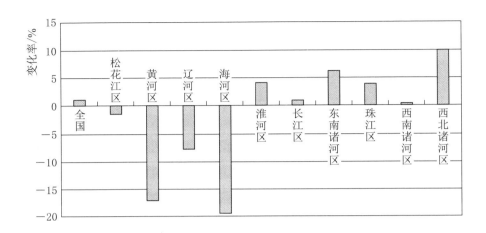

图 2.2 水资源一级区 1991—2010 年与
1961—1990 年时段水资源量变化率

3. 河湖水力连通条件变化

受水利工程等因素影响，河流纵向连通性不断降低、径流时空分布变化显著，造成水文情势的变化及河流水系物理化学和地貌形态的改变。同时，受自然和人为因素影响，历史上存在水力联系的河湖的连通条件不断发生变化。长江中下游的通江湖泊持续减少，鄱阳湖等湖泊与长江的水量交换逐渐降低。

2.2.3 水生态环境承载约束日益趋紧

特殊的水情条件、快速的经济社会发展，加上不合理的开发利用水资源，带来了水资源短缺和水污染严重等问题，使得我国大部分区域水资源环境承载能力达到或接近上限。

1. 部分地区水资源开发利用过度

我国北方地区水资源开发利用过度问题较为严重，海河、黄河、辽河流域水资源开发利用率分别高达 106％、82％、76％。由于水资源短缺，北方地区经济社会发展挤占河道生态用水 123 亿 m^3，涉及北方地区 45 个水资源二级区中的 26 个，占国土面积 274 万 km^2，且部分流域（区域）河流挤占生态环境用水比例较高（图 2.3）。

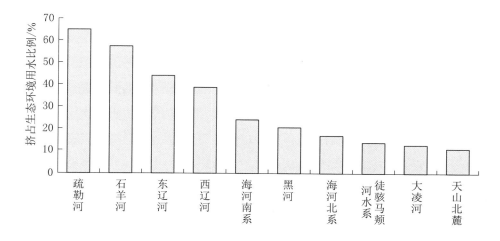

图 2.3　北方部分流域（区域）河流挤占
生态环境用水比例

2. 水污染问题严重

全国 32％的河流、11％的湖泊和 35％的水功能一级区，污染物入河量超过纳污能力。全国监测评价的 33％河道长度、55％湖泊面积水质劣于Ⅲ类；部分城市水源地重金属及有毒有机物超标；一些地区水体黑臭现象突出，有些地区甚至出现"红豆水""牛奶河"情况。部分地区饮水安全受影响，根据对全国 4748 个城镇饮用水水源地的调查评价结果，水质不达标水源地 509 个，占总数的 10.7％。其中，内蒙古、黑龙江、上海、宁夏 4 省（自治区、直辖市）水源地水质合格率较低。

3. 地下水超采问题突出

全国有 21 个省（自治区、直辖市），近 30 万 km^2 存在地下水超采问题，年均超采地下水约 170 亿 m^3，部分地区含水层被疏干，存储量大幅减少，地下水应急储备功能严重受损或丧失；华北平原地区长期超采地下水，形成了 12 万 km^2 的漏斗区，造成地面沉降、海水入侵。

2.2.4 水生态环境保护体制机制不完善

由于职能分割，加上相关政策法规和技术标准不完善等问题，我国水生态环境监管机制仍有较多不足，难以为水生态环境管理提供良好的政策支撑。

1. 法律和标准体系不完善

我国目前在水生态保护方面的相关法规依然薄弱。立法、技术及标准等管理体系较为分散，涉水活动相关法律、规范标准生态化程度不高，缺乏专门的水生态及水资源保护法规和条例。现有各类标准规范中，对于水生态环境保护和治理的考虑较少，条款实际操作难度较大，导致在水生态环境保护与治理过程中出现新的问题。

2. 体制机制亟待改革

水生态保护与修复规划编制、实施主体、资金来源、运行维护等方面缺乏区域间、部门间的协调和统筹，水生态保护与修复工作主要还是依靠行政推动，尤其是水资源资产产权制度和用途管制、水生态空间维护和保护制度、水功能区管理及限制纳污机制、河湖生态需水保障制度、地下水分区管理和保护制度等重大制度尚未建立健全。采用经济和市场化手段推进水生态保护的机制不健全，水价形成机制、水权和水市场、水生态补偿等机制建设任重道远，公众参与水生态保护的机制也不完善，主要原因是体制机制的不适应，亟待改革。

3. 监控体系较为薄弱

我国目前的水生态安全评估标准、监测体系等非常薄弱，造成水生态状况监控、风险预警、责任追究、措施效果评估等缺乏基础支撑。水生态修复工程重视工程措施，对监督管理措施重视不够，对已实施工程的运行管理和维护不足，影响工程效益的长久发挥。

4. 工程建设管理的绿色化水平不高

水工程建设重视对水资源的功能性开发，忽视水生态系统结构和功能的保护现象依然存在。例如，防洪规划强调对洪水的控制，但对洪水的出路、疏导考虑不足；水系河道整治、滩涂海涂围垦、蓄滞洪区建设等中缺乏与水生态保护的协调和统筹。

2.2.5 水环境保护意识与宣传力度不足

中华民族传统文化之中一直重视与水有关的文化，但近些年来，受一些因素影响，水生态环境保护的观念意识逐渐淡漠，悠久的水文化遗迹渐遭破坏，和谐的亲水环境日益减少，中华水文化传承危机日益增大。

1. 敬水爱水护水的传统意识理念淡化

现代社会对古人尊重自然、顺应自然、保护自然的理念的传承不够，失去了对水的敬畏与爱护之心，自觉节约水资源、保护水资源、亲近水资源的理念与意识缺失。现代城市规划与建设中较少考虑水文化要素，反映本身特色的水元素丢失，大部分山水地区的城市规划建设缺少了水的灵性。

2. 水文化传承延续问题突出

对凝聚了古人智慧的水文化遗产古迹保护不足，大部分水文化遗产遭到破坏，部分文化传承的载体不复存在。另外，由于片面追求安全性与功能性，大部分工程占据大量的人与自然的交流空间，使得人水阻隔，原本可以亲水爱水陶冶情操的亲水空间大大减少。

3. 水环境保护宣传严重滞后

我国现代素质教育中对水生态环境保护的宣传和学习力度薄弱。许多地方重发展轻保护思想普遍，有的甚至以牺牲环境为代价，单纯追求眼前的经济利益；个别企业受经济利益驱动，超采、超标排放。许多民众环保观念淡漠，对当前严峻的环境形势认知水平低，而且消费观念陈旧，缺乏主动参与和积极维护生态环境的思想意识，资源掠夺性开发和浪费使用不能得到有效遏制，生态破坏、系统退化问题日趋严重。

2.3　我国水生态文明建设的形势挑战

未来一段时间，是推进"四个全面"战略布局和"五位一体"总体布局的重要时期。推进水生态文明建设，既是国家发展战略实现的重要保障，也是水利发展改革的时代要求。要站在国家民族发展的战略高度，科学研判新形势新要求，充分利用有利条件，正视极端气候变化、机制体制不完善等各种制约因素，针对新形势、引领新常态、制定新措施，加快水生态文明建设步伐。

（1）贯彻五大发展理念提出的新形势。党的十八届五中全会提出了"创新、协调、绿色、开发、共享"五大发展理念，贯彻五大理念对水利发展提出了新要求。我国水利发展科技创新能力不足，工程技术水平总体落后于国际先进水平，水生态治理和修复技术水平不高，亟须贯彻创新理念要求，全面提升水生态治理、修复和水利工程建设管理的科技化水平。我国水利发展仍存在城乡及区域差异，亟须按照协调发展的要求，统筹兼顾城乡和区域水利协调发展。日益严峻的水生态环境问题，迫使我们必须按照绿色理念，推进人水和谐发展，加快可持续水利发展，为美丽中国建设提供强有力的水利保障。

（2）推进生态文明建设的新任务。大力推进生态文明建设，建设美丽中国需要美丽河湖。美丽河湖要保障经济社会发展的供水安全，更要满足人民日益增长的生态环境需求。我国目前约1/3的国土面积出现水资源短缺，这些地区经济社会用水挤占河道内生态环境用水和超采地下水共约 315 亿 m^3，未来应逐步退还这部分被挤占的生态用水需求的欠账；部分区域出现的水生态环境退化问题，随着生态文明建设和城镇化进程的加快推进，还需通过人工措施增加河湖湿地补水和河道外生态建设用水需求 200 多亿 m^3，这些都给水利提出了新任务。

（3）创新水治理体制机制的新要求。生态文明制度建设对于推进水利体制机制变革提出了新要求。党的十八届三中全会从加强生态文明制度建设的高度，明确提出要划定生态保护红线，实行资源有偿使用制度和生态补偿制度，将水资源管理、水环境保护、水生态修复、水价改革、水权交易等纳入生态文明制度建设的重要内容，为全面深化水利改革、做好水利工作指明了方向。然而目前我国涉水管理的体系和能力与需求相比仍有较大差距，亟须深化水行政管理改革，强化依法治水、改进水行政审批和监管方式、创新水利公共服务、深化水利科技体制改革、加强水利信息化建设。

（4）应对气候变化的新挑战。气候变化导致全球升温态势日趋显著，这将使得我国主要江河源头区冰川消融加快，降雨、蒸

发、下渗等水循环过程发生深刻改变，进而影响到区域水资源水
环境状况，对区域甚至全国水生态安全造成影响；另外，气候变
化将导致干旱、洪涝极端事件频发、广发，给保障区域水生态安
全带来重大挑战。

　　总体来看，面对日益复杂严峻的水生态问题，必须要充分认
识加快推进水生态文明建设的极端重要性和紧迫性，把水生态文
明建设摆到"转变水利发展方式，全面提升水利现代化的保障水
平；推进生态文明建设，加快形成'人水和谐'发展局面；破解
资源环境约束，实现中华民族永续发展"的战略高度，深入持久
地推进水生态文明建设，开创人水和谐的水生态文明建设新
格局。

第 3 章

国外水生态治理实践总结

国外在经济社会发展的不同阶段，也面临过一系列水生态环境问题。本章梳理了国外发达国家水生态治理的一般历程和实践探索，总结了国外先进治水理念和成功做法，为我国立足国情水情、借鉴国外实践经验、开展具有中国特色的水生态文明建设提供参考。

3.1 典型国家水生态治理一般历程

发达国家在不同的经济发展阶段有着各自水生态治理的特点及发展历程。以世界银行提出的利用各国人均国民收入划分国民经济发展阶段❶，对主要发达国家（美国、德国、日本等）低收入、中下收入、中上收入和高收入四个阶段的治水发展阶段进行

---

❶ 1987 年世界银行按人均国民收入水平（美元）对成员国家或地区的分类标准：480 美元或以下的是低收入国家，481 美元和 1940 美元之间的是中等偏下收入国家，1941 美元与 6000 美元之间的是中等偏上收入国家，6000 美元或以上的是高收入国家。考虑到早期劳动和资本在国家间的流动不大和资料的连续性，采用人均国内生产总值（GDP）替代人均国民收入。

梳理，可以看出，随着治水发展的进步，人对水生态系统的认识不断加深，保护意识逐步提高，对水生态系统服务功能的需求逐步调整，人水关系从开发到治理再到保护，发展目标从防洪到水资源开发到治理修复，其水生态环境状况也经历了从良好到恶化到改善恢复的过程。

3.1.1　美国

美国是联邦制国家，各州都有较大的立法权限，州政府与联邦政府的关系相对比较松散，这就使得美国形成了以州为基本单位的水资源管理体制。在政治体制上，美国实行私有制；在经济管理上，政府的主要任务是基础设施的建设。在过去 100 多年里，联邦政府对水利建设十分重视，兴建了一大批水利设施，收到了明显的经济效益。近 20 年来，由于联邦财政困难，水利发展和水资源管理的职责更多的是由州政府履行，从而更加确立了以州为基本管理单位的水资源管理体制。美国水生态治理政策的发展演变历程，体现了各种复杂的相互作用因素对水生态和人民的影响。美国目前所实行的水生态政策是过去政策和发展历程的结果，受控于经济、政治和公众意识等多方面因素。

第一阶段（1915 年以前）：以防洪、追求安全性为主。从 19 世纪工业革命传至北美到 20 世纪初，美国人水关系矛盾主要体现在应对洪涝灾害，保证人民财产安全的层面。美国是一个洪涝灾害频发的国家，在对治理洪水的态度上有过多次转变，每次都出现在对大洪水事件的反思之后。19 世纪 30—50 年代，美国陆军工程兵团已对密西西比河进行了大规模的治理，但洪水仍然冲毁两岸堤防。美国国会命令调查密西西比河三角洲洪水问题，授权美国陆军工程兵团进行勘察，同年设立了勘察小组。**勘察小组**

提交勘察结果报告，极力要求根据最大洪水流量设计并修建相应高度的坚固堤防。"堤防万能"防洪政策应运而生，并在1861年被国会采纳，成为主导治水理念。此后修建堤防将洪水约束在河道内成为应对洪灾的主要手段，同一时期修筑的水库都没有防洪目标，仅用于蓄水灌溉和发电。

第二阶段（1916—1950年）：以多目标开发、追求经济性为主。伴随着流域综合开发及城市化进程的推进，人水关系逐渐从治理洪灾转变为水资源供需关系、水环境保护以及由水资源产生的经济效益的需求。1927年密西西比大洪水让人们开始注意到堤防并不能阻止所有的洪水灾害，"堤防万能"政策建设防洪大堤花费了巨资，但洪水仍然没有被控制住，而且实际上也不可能控制住。这促使国会结束了"堤防万能"政策，通过整治河道、建设滞洪区、开辟泄洪道，并开始以水库调蓄来水的方式解决洪水问题。1928年《防洪法》出台，恰逢美国经济大萧条，罗斯福实施的新政掀起了大规模水利建设的高潮，推进了流域综合开发，如田纳西流域、密西西比河流域、科罗拉多河、哥伦比亚河流域等的综合开发。水电也随之得到蓬勃发展，1929年美国修建了第一座抽水蓄能电站，20世纪30年代相继开发了科罗拉多河、田纳西河、哥伦比亚河梯级水电，20世纪40年代水电生产在总电力生产中占到40%。城市化进程加快，人口聚集，环境质量恶化，污水排放要求随之增高，环境保护进入起步阶段。

第三阶段（1951—1972年）：以水质优化为主，多种需求持续增长。1948年联邦政府颁布《水污染防治法》，确定联邦政府对州政府水污染治理的财政支持；该法案在1956年和1961年进行了修订，加强了联邦在各州对水污染防治领域的影响力。20世纪50年代，城市内沟渠逐渐被市政排水管网所取代，城市生活污水、雨水开始通过管道排入邻近的受纳水体。政府逐渐加大在城市水务中的投资比例，到 20 世纪 60 年代末，城市供水由早期的私有制转变为以公有制为主导的所有制结构。从这一阶段起，水电仍在发展，但在电力产量中的比例开始持续下降，并建立了国家洪水保险计划。

第四阶段（1973 年至今）：以可持续发展、生态修复、追求舒适性为主。这一阶段，人水关系逐渐从开发利用水资源、治理水污染转变为保护与修复水生态，以低影响开发、水生态系统保护、风险管控为主的治水理念，从生态系统的角度谋求水资源服务性功能的发展，实现人水和谐、可持续发展。防洪领域转向非工程建设方向，将精力主要放在《防洪法》的完善与防洪保险制度的建设与推广上，逐步推行洪泛区管理。在水污染治理方面，颁布了更为严格的水质标准和法案，通过了《安全饮用水法》《清洁水法》等。20 世纪 70 年代，市政排水系统基本实现雨污分流，点源污染基本得到控制后开始真正关注面源污染问题。20 世纪 80 年代，针对最佳管理实践（BMP）制定相关的法律、法规和政策来促进其实施。进入 20 世纪 90 年代后，美国对水生态系统的认识得到进一步加强，水生态保护与修复蓬勃发展，明确源头治理要求，推广流域管理，提出单日污染负荷最大量（TMDL）要求，继续开展非点源治理；将兼顾生物生存的河道生态恢复作为水资源开发管理工作必须考虑的项目，拆除河床人工硬化材料、拆除废旧坝（堰）、开展生态调度实验等，尝试开展流域尺度下的河流生态修复，并拓展公众参与和知情权。

3.1.2 德国

德国境内水资源充沛，总体上不存在水资源短缺的问题，但为了维持良好的水环境，实现水资源可持续利用，德国政府不仅制定了严格的法律、法规和规章，对水资源开发利用和污水处理排放实行严格管理，而且还大力推进技术研发，依靠技术创新促进水资源可持续利用技术产业化发展。

第一阶段（1949年以前）：以防洪、灌溉为主。该阶段，特别是在工业革命前，德国收入水平和城市化水平较低，产业结构以农业为主，人们对水利的需求以安全为主，主要开展堤防、分蓄洪区建设，水利建设偏向于防洪、灌溉等基本安全功能。伴随工业革命发展，航运、发电等需求快速增长，人们采用工程手段，对河流开始了掠夺式的开发，打破了河流生态系统的平衡。例如18世纪至19世纪初，莱茵河上游裁弯取直工程使河道从354km缩短到273km，全程河道减少了约1/3。

第二阶段（1950—1964年）：以经济型需求为主的多种需求开发建设。"二战"后德国经济恢复，迅速工业化。伴随着经济的快速发展，多种需求（主要是安全性、经济性）快速增长，此阶段的水利工程建设逐渐由单一目标转向多目标，如航运，水力发电。但此阶段对生态保护方面不够重视，开始对河流进行大规模改造，一系列河流被裁弯取直，一连串的拦河坝、水库和护河堤被建造起来。这些改造为沿河国家带来了巨大的经济利益，但却破坏了水生态天然修复能力。同时，由于工业的大力发展，污水的肆意排放，导致水生态破坏严重。为此，德国转变工程理念、采取一系列措施来应对这种矛盾。在工程理念上，从工程目标为导向到水生态系统保护目标为导向转变。在1938年提出的"近自然河溪治理"概念基础上，德国在20世纪50年代创立了"近自然河道治理工程学"，在整治目标上，强调河流自然的健康状态，在整治方法上，强调人为控制和河流的自我恢复相结合。

1957 年颁布了《水平衡管理法》，确立了保护地表水、地下水和沿海水域的一般原则。

第三阶段（1965—1975 年）：以水环境治理为主。这一阶段，德国人水矛盾关系为经济发展需求对水资源的开发利用与水生态系统承载力之间的矛盾。到 20 世纪 70 年代初水环境问题最为严重，德国开始重视水质保护，致力于点源污染末端治理，立法保护水质，大规模兴建污水处理厂。在生态修复方面，1965 年德国在莱茵河上用芦苇和柳树进行生态护岸试验，成为最早的河流生态修复实践。在立法方面，1965 年第二次修订通过了《水平衡管理法》，规定了运输对水有害物质要求使用管道设施。

第四阶段（1976 年至今）：以河流生态为导向、舒适性需求为主。尽管这一阶段水质好转，但生态多样性、生物栖息环境的状况不佳。德国在 20 世纪 80 年代提出了"河流再自然化"的概念，致力于将河流修复到接近自然的程度。此阶段河道治理从工程措施为主转向非工程措施为主，逐步拆除硬质河床并建立生态河道和河岸。逐渐从点源治理为主转变为目前的点源、面源污染相结合，末端治理为主转变为源头防护为主。20 世纪 80 年代起逐步建立和完善了雨洪利用技术、行业标准和管理条例，出台了一系列法律，大力开展了水文化建设。污水处理技术进一步发展，从物理技术处理转变为生物技术处理，同时通过污水排放与处理相关法律法规的颁布、生态补偿制度的建设来进行污水治理。20 世纪 90 年代及之后的大洪水促使德国提出了国家洪水管理战略，发布了《德国洪水防御战略指南》；在采取工程措施的同时，认识到整个社会对洪水灾害负有责任，采取非工程措施达到防洪减灾的目的；此后进一步颁布法律，确立了非工程措施对于防洪的战略地位。

3.1.3　日本

日本是中国的近邻，历史文化和经济发展模式与中国有相似之处，并且由于地理条件相似和相同的纬度条件，日本与我国治水形势具有相似性。因此，日本的经验值得我国借鉴。

第一阶段（1960年以前）：单一应对洪涝灾害为主。日本自1896年首次制定《河川法》以来，就确定了防治水灾作为水利建设的单一目标，主要采取单一水灾防治工程措施。每次治水计划的制订，均是以重大水灾的发生为契机，但总是轰轰烈烈开场，随后由于对水灾治理的长期性和艰巨性认识不足，以及社会经济环境动荡或财力不支等原因，未能达到预期目标。"二战"后，日本经济开始恢复，水利发展以农田水利为主，主要解决粮食匮乏问题，同时对频繁的洪水灾害进行治理。日本在这一阶段优先经济发展，对环境保护并不重视，高速增长战略致使能源消耗大增，水俣病、骨痛病等公害问题引发社会的强烈反响。

第二阶段（1961—1970年）：防治水害、兴修水利为主。日本经济进入快速发展时期，迅速工业化，日本政府先后制订了各类水利发展计划，开展大规模的水利建设，建成较为完善的水利工程体系。1964年修订《河川法》，确定防洪与水资源开发利用并重的指导方针。对主要河流进行综合开发和治理，开展了治山治水一体化建设。这一时期治水特征主要表现为洪涝灾害的治理和对水资源经济性开发并重；防洪灾害主要措施从以往的治水对策主要追求防洪保护范围的不断扩大与工程防洪排涝标准的不断提高转向强调要确保流域的蓄滞水功能；水利建设从单一治理河流转向流域自然环境与社会经济环境的整体综合治理，如综合治水体系；发展思路可概括为"防治水害，兴修水利"。由于当时没有相应的环境保护和公害治理措施，工业污染和各种公害病随之泛滥成灾。已经确认水俣病、骨痛病等公害病病源后，日本却在相当长时间内由于政府不作为，放纵污染企业继续排污，水环境持续恶化。此后，日本经济虽然得到发展，但环境破坏和贻害无穷的公害病使日本政府和企业付出了极其昂贵的代价，公害病引发的诉讼旷日持久。

第三阶段（1971—1976 年）：水环境保护为主。日本的水利建设逐步进入以节约水资源和保护水环境为重点的时期，其主要任务是满足日益增长的经济发展，通过加强水资源管理，开展水污染治理及水生态环境的保护和修复，以保障经济社会的可持续发展及生态环境安全。这一阶段颁布了《水质污染防治法》等水质管理政策法规，规范了河川、湖泊、内海和地下水保护的具体标准，明确了具体有害物质的达标基准，提出了各县市有权制定比统一标准更为严厉的水污染防治标准。1972 年起开始实施琵琶湖综合开发计划，实施琵琶湖水污染治理、工业和生活供水和水利工程。

第四阶段（1977 年至今）：推行河流生态修复、综合治理。20 世纪 70 年代中期以后，人水矛盾主要表现为水生态环境破坏和水资源短缺问题，日本进入保护水资源，改善水环境和恢复生态环境的综合治理时期。20 世纪 80 年代起，日本出台一系列鼓励节水政策措施，大力开展节水型社会建设，以较少资源消耗支持了经济快速增长；再次修订《河川法》，加入"改善和保护河湖环境"的内容，水污染治理取得明显成效，如琵琶湖污染得到有效控制，成为著名旅游胜地；20 世纪 80 年代中期，"多自然型河道生态修复"技术迅速发展起来，提倡凡有条件的河段应尽可能利用木桩等天然材料修建生态河堤。例如，在日本建设省推进的第九次治水五年计划期间，对 5700km 河流采用了多自然型河流治理法改造，其中，2300km 河流为植物堤岸，1400km 河流为石头及木材护底的自然河堤，不得已使用混凝土的 2000km 堤岸也按生态型护堤法进行了覆土改造。20 世纪 90 年代开始，日本发展循环经济，谋求可持续发展，努力提高用水稳定性。在严格的环境保护监管政策影响下，企业开始从被动守法转向自觉守法，由"被动治污"转向"主动治污"；同时，十分重视开发环境模拟和全过程控制技术，从最初的产品设计一直到变废为宝，采取了从"摇篮到坟墓"的全生命周期控制手段，极大地提高了产品无害化水平。1999 年以来大范围开展河道生态整治，大规模拆除河床上铺设的人工硬质材料，逐步恢复河道及河岸的自然状态，开展亲水环境建设。

3.2　主要治水理念和技术

水生态环境问题的产生、应对与解决，一般与一个国家的经济社会发展阶段和水平密切联系。纵观西方主要发达国家几百年发展历程，随着经济社会发展水平的不断提升、公众环境保护意识的不断增强以及水生态环境治理技术的不断升级，发达国家在应对水生态环境问题方面，普遍经历了"先污染后治理""先末端后前端""先工程后制度""先单一后系统"的发展历程，形成了一些有代表性的理念，这些转变过程和理念的形成，为认识和应对水生态环境问题，提供了重要的借鉴意义。

3.2.1　防洪排涝减灾方面

1. 江河治理

早期的河道治理过于强调防洪和排涝，忽略了河道的生态功能，因而大量采用裁弯取直、固化河岸等手段并使用混凝土、块石等硬质材料，影响了河流系统的自然形态、水生生境的复杂度、生态水文过程的可持续性，带来河道淤积、自净能力下降、生物多样性下降等一系列问题。这些问题的出现促使西方国家不断反思传统的河道治理技术，从而产生了"近自然河道治理"的理念。1938 年德国 Seifert 首先提出"近自然河溪治理"的概念，1950 年德国创立"近自然河道治理工程学"，在整治目标上强调河流自然的健康状态，在整治方法上强调人为控制和河流的自我恢复相结合；1965 年德国的 Ernst Bittmann 在莱茵河用芦苇和柳树进行生态护岸试验；20 世纪 80 年代德国、瑞士提出了"河流再自然化"的概念，将河流修复到接近自然的程度。

归纳起来，近自然河道治理是指基于对生态系统的深刻认识，为实现防洪减灾、生物多样性保护以及自然资源永续利用，以安全为原则、以生态为基础，留足河流空间，对河湖进行近自然生态的整治，有效降低人类行为对环境的冲击，减少工程行为对自然生态的破坏，保留和恢复自然修复力。近自然河道治理可表现为高坝低矮化、坡度缓坡化、材质自然化等，具体措施可包括修建鱼类洄游通道、拆除高大陡峭护岸、恢复湿地、河岸缓冲带等。

在近自然河道治理理念的倡导下，德国、美国、日本、法国、瑞士、奥地利、荷兰等国家纷纷大规模拆除了以前人工在河床上铺设的硬质材料，代之以可以生长灌草的土质边坡，逐步恢复河道及河岸的自然状态。在保障安全的前提下，生态型护岸技术逐步成熟。在河流整治中，除工程措施之外，防洪理念也不断发生转变，从"抵御洪水""控制洪水"和"管理洪水"到"与洪水共存""还河流以空间"不断变化，实施建设分洪道和降低河漫滩高程等措施。近年来又兴起了"洪水风险管理""流域综合整治"等新的江河治理模式，对江河的整治由过去以防洪为主要目标逐渐转变为防洪减灾、水资源保障、改善环境及生态系统等多目标的综合整治。

2. 城市防洪除涝

早期城市防洪除涝主要依靠建设大规模排水系统，如伦敦和巴黎的下水道系统已经有 150 多年的历史。然而这种通过单纯依靠排水系统的城市除涝措施难以适应城镇化快速发展带来的挑战，为此西方国家在城市规划和建设过程中形成了低影响开发（Low Impact Development，LID）、海绵城市等理念，经过不断探索形成了现今较完善的城市雨洪管理体系。

LID 从美国最佳管理措施发展而来，是指在城市开发建设过程中采用源头削减、中途转输、末端调蓄等多种手段，通过渗、滞、蓄、净、用、排等多种技术，实现城市良性水文循环，提高对径流雨水的渗透、调蓄、净化、利用和排放能力，维持或恢复城市的"海绵"功能。20 世纪 70 年代，首先在美国出现"雨水花园"的设计理念，90 年代在马里兰州乔治王子县形成真正意义的雨水花园，并推出第一部 LID 设计技术规范。现在美国已进入系统化、规范化的 LID 应用阶段。类似的做法在其他国家不断出现，澳大利亚的"水敏感城市设计（WSUD）"、英国的"可持续排水系统（SUDS）"、新西兰的"低影响城市设计和开发（LIUDD）"等均强调在城市建设中充分考虑雨水资源利用与城市防洪除涝相结合，运用生态方法改善雨水系统条件，在源头上避免雨水的汇聚，全面、持久地提升城市的防洪排涝效能。

3.2.2 水资源开发利用与节约方面

1. 水资源开发利用

随着水利工程技术、混凝土筑坝技术的发展，在水资源相对丰沛地区，西方国家早期一般采取"以需定供"的原则，通过修建大量工程来加强对水资源的控制和调蓄，以满足经济社会对水资源的需求。然而这些措施在不断提高水资源开发利用程度的同时，带来了一系列生态问题：河流的连通性受到阻隔，无限制的水资源开发导致一些河流断流萎缩。这些严重的问题促使人们进行反思，逐步提出了"水资源可利用量"和"环境流量"的概念，进而以此为基础，大力加强需水管理。

早期出现的"水资源"概念过于宽泛，经过多年演进，国外水资源可利用量定义基本涵盖了经济与社会、生态环境需水量、工程措施、水权和回归水等要素，是指在保护生态环境且经济技术合理的前提下，在水资源总量中可供人类净消耗的那部分按水权配置的水资源量。

各国对水资源、水能需求的日益增加，激发了河流水资源开发利用、生物多样性保护、维持生态系统完整性之间的矛盾。到20 世纪 70 年代末以水文学法为代表的环境流量研究与实践迅速兴起，至今在美国、澳大利亚、南非、欧盟等都有广泛的应用。环境流量也称生态流量等，目前尚无统一明确的定义，可指在用水矛盾突出且水量可以进行调度的河流、湖泊、沼泽等区域，为维持其正常生态系统及功能需要保留的水量。人们逐渐认识到环境流量的重要性，环境流量的概念从最小生态需水量扩展到具有消长节律的动态值，提出用河道内环境流量来控制水资源、水能开发利用量和过程，维持河湖、湿地等淡水生态系统健康。

一些国家意识到高用水量将无法实现水资源可持续利用，决定大力加强需水管理。需水管理旨在通过控制需水，避免水资源系统衰退，确保水资源的持续利用，其核心是通过工程、技术、法律、经济等多种手段强化节水和水循环利用，遏制供水量的增长。美国从 1978 年开始实施需水管理策略，迅速收到了效果，1980 年美国供水量达到顶峰后，逐渐回落并基本稳定在 5600 亿 m^3 上下。加拿大、瑞典、荷兰、日本先后实施了需水管理措施，逐步实现供水安全，先后进入需水量零增长的过程。

2. 水资源节约

在控制需水增长的同时，很多国家把节水作为一项重要的战略性措施，农业、工业生产用水和城市生活用水等各个领域都推广了大批先进、适用的节水技术，取得了显著成效。工业节水通过改进节水工艺和设备，加强污水治理回用，提倡一水多用和少用，技术主要有提高间接冷却水循环、逆流洗涤和各种高效洗涤技术、物料换热技术；此外各种节水型生产工艺、无水生产工艺都在不断发展和完善。采用节水型公共和家庭卫生设施设备是许多国家城市的节水重点。发达国家农业节水技术包括：一是采用计算机联网进行控制管理，实施精确灌溉；二是培育新的节水品种、从育种的角度更高效地节水；三是通过工程措施节水，如采用管道输水和渠道衬砌提高输水效率；四是推广节水灌溉新技术，如地下灌、膜上灌、波涌灌、负压差灌、地面浸润灌和激光平地等；五是推广增墒保水技术和机械化旱地农业，如保护性与带状耕作技术、轮作休闲技术、覆盖化学剂保墒技术等。此外，各国均把降低供水管网系统的漏损水量作为供水企业的主要任务之一。

在加强节水的同时，缺水国家和科技先进国家把大力发展非

常规水源利用作为开源重要措施。许多沿海国家工业用水量的
40％～50％用海水替代淡水，日本、美国、意大利、法国、以色
列等每年都大量直接利用海水。德国成为雨水收集利用最先进的
国家之一。新加坡超过一半国土面积为雨水收集区，新生水技术
开发和利用走在世界前列。发达国家还特别重视废污水治理、排
放和回收利用。以色列把再生水作为国家水量平衡的重要组成部
分，废污水经处理后70％～85％用于农业灌溉，居世界首位。澳
大利亚的再生水利用在 2001—2003 年全国干旱时期发挥重大作
用，在缺水地区一度成为不可替代的饮用水水源。

3.2.3　农田灌溉方面

西方发达国家早期基本都经历过开放式、无组织、无计划的
土地开发和无节制的大水漫灌阶段，这导致了一系列严重的生态
环境问题。如著名的"咸海危机"是由于在注入咸海的主要河流
沿岸大量发展灌溉面积，导致注入咸海的水量急剧减少，咸海水
位逐年降低，呈现始料不及的灾难性生态后果。水资源短缺、土
壤板结和荒漠化、土壤污染等问题促使人类开始转变灌溉方式，
不断推进节水灌溉。到 20 世纪 70 年代中期，澳大利亚、以色
列、墨西哥、新西兰、南非和美国开始推广滴灌，自动化灌溉普
遍使用。以色列人提出"浇灌作物而不是浇灌土壤"的灌溉理
念，目前以色列所有灌溉农田均采用滴灌和喷灌的高效节水灌溉
技术。低压节能是目前节水灌溉技术的发展方向，地下滴灌显示
出广阔的发展前景。在源头减少灌溉用水的同时，一些国家也加
强了渠系防渗。一些发达国家的管道输水灌溉技术应用十分广
泛，甚至有逐步替代田间地面渠道灌溉系统的趋势。此外，优化
配水、自动化配水灌溉技术在美国、日本、法国等国家应用较

广，近 40 多年，起源于无土栽培的水肥一体化里伴随高效节水灌溉技术的发展在全世界迅猛发展。

3.2.4　水生态保护与修复方面

面对日益严重的水生态环境问题，进入 20 世纪以来，西方主要发达国家逐渐加强了水生态保护与修复，治理与修复的对象、手段、措施、范围经历了一个从点源到面源、从局部到流域、从工程到制度的不断演化的过程。在治理对象上，早期点源污染问题较为突出，水生态治理以控制点源污染为主，随着点源污染逐步得到控制，非点源污染、洪泛平原污染沉积物等持久性的、相对难以察觉的和难以控制的污染成为主要问题。美国在控制非点源污染过程中，提出了"实施最佳管理实践"（BMP）理念，并且认识到系统解决水生态问题的有效途径是流域综合管理。在治理手段和范围上，随着发达国家的水污染问题逐步得到缓解，水生态系统的载体—河湖湿地生态退化、结构和功能受损得到重视，治理重点逐步转移到河流生态修复，并且从区域治理转变到流域系统修复，从仅注重水环境改善转变到兼顾河湖形态修复、水生动植物修复、栖息地保护、亲水空间建设的人-水-自然关系全方位改善。韩国清溪川整治、莱茵河"2000 年鲑鱼计划"、美国洛杉矶河修复、Rush Creek 流域生态恢复等，均表现出以保持河流生态系统的生态整体性为目标，实现河流景观与其周围环境相和谐的流域尺度下河流生态修复的理念和做法。

发达国家水生态系统保护与修复都是首先借助物理或化学手段进行水质治理，除源头控污治污外，稀释冲刷法、生态清淤和曝气法是使用较早、收效明显、广为采用的改善水体水质技术。生态-生物法是国外近年来发展最快的方法，主要凭借自然修复能力自净水体，包括水生植物修复技术、生物调控技术、生物修复技术、生物膜法、土地处理法等。目前整体发展趋势为逐渐演变成在流域尺度借助生态水利工程进行治理。

除河道整治措施外，目前国外河流生态修复技术主要有：通过建设低坝并设置鱼道、堤防拆除或后退等恢复河流纵向和横向连续性，河流蜿蜒性的恢复，河道岸坡生态防护，河流深槽和浅滩序列的重建，洪泛区湿地特征的创建，河流内栖息地加强结构（如遮蔽物、遮阴、导流设施等），亲水设施的建设，河道浚挖泥土的利用，多孔、透水护岸材料和结构的开发应用及工程施工技术等。目前国外至少有几十条河流已经进行或正在进行水库生态调度的实践，其中美国在数量上远超过其他国家。

3.2.5 制度建设方面

随着水生态治理的不断深入，西方国家逐步意识到必须要通过制度建设，建立长效机制。随着认识和探索的不断深入，水生态保护与治理的体制机制等制度建设经历了从分散到集中、从松散到强化、从低级到高级、从政府到市场的转变过程。

为改变长期以来采取分割式管理的模式所带来不同程度的资源破坏与生态环境恶化问题，人们逐渐意识到，只有以流域为整体单元进行资源可持续开发利用、生态环境整治和社会经济可持续发展的统一规划和综合管理，才能达到人与自然和谐的可持续发展目标。流域综合管理需要在政府、企业和公众等共同参与下，应用行政、市场、法律手段，对流域内全面实行协调的、有计划的、可持续的管理，促进流域公共福利最大化。

泰晤士河治理过程中合并 200 多个管水单位，改变了以往水管理各环节之间相互牵制和重复劳动的局面。英国建成泰晤士河水务管理局（后为公司），引入市场机制，向排污者收取排污费，并发展沿河旅游娱乐业，多渠道筹措资金。莱茵河流域各国认识到凭借自身力量无法解决跨界河流莱茵河问题，通过建立莱茵河保护国际合作治理机制，使得莱茵河成为目前世界上管理得最好的一条河，协调合作机制建立的基础是各方参与者形成统一的认知并致力于共同治理。同时，生态补偿、水污染税等经济手段逐步出现，德国、法国、荷兰等许多发达国家早已全面征收水污染税，对向水域（包括地表水和地下水）直接或间接排放废弃物、污染物和有毒物质的单位或个人征收水污染税，效果十分明显。美国、英国、澳大利亚等发达国家明确水权界定，开展水权交易，近年来引入水银行，在加州等地成功实践。

3.2.6　资源环境监测方面

监测是开展生态保护与修复的基础工作。西方主要发达国家大体上经历了以典型污染事故调查监测为主、以污染源监督性监测为主和以环境质量监测为主的三个发展阶段。初期由于对环境污染事故发生的原因和机制不了解，如美国洛杉矶和英国伦敦的光化学烟雾事件，日本的水俣病、骨痛病和四日市哮喘病事件，政府部门不得不有目的地组织技术人员进行调查监测，以明确事件的真相。随着环境保护法律的颁布，各国严格执法监控企业排污，大大地促进了污染源监测工作的开展。20世纪70年代以来，西方工业发达国家对环境问题的认识不断深化，已把监测工作的焦点从对污染源监控转移到对环境质量监控上来，同时自动化技术的迅速发展和遥感技术、无线传输的应用，使得对大区域环境质量系统监控成为现实，在线监测是未来的发展方向，可以在极短的时间内观察到水体污染浓度变化，预测未来环境质量，实现污染的预警预报。西方国家努力提高流域水环境综合管理技术、监控和预警技术以及综合整治技术，以构建水资源合理开发、水污染控制和水环境改善的技术体系，从而达到有效改善流域水循环和水环境，治理流域水污染的目的。

近几十年来，水生生物监测逐步开展。欧洲国家开展相关研究超过 30 年，2000 年出台的《欧盟水框架指令》，为欧盟各国开展水生态与生物监测提供操作标准和技术规范。生物完整性指标是目前水生态系统研究中应用最广泛的指标之一，其研究对象从最初的鱼类，发展到目前的底栖动物、浮游生物、附着生物等。

3.3　经验与启示

国外一些发达国家在上述领域的主要做法和转变过程，可为我国提供重要的借鉴，概括而言有如下启示。

（1）水生态治理和保护是一项长期努力、不断优化调整的系统工程。以色列、新加坡自建国伊始就将水资源作为国家战略资源管理，至今大力发展水资源节约和高效利用技术。"低地之国"荷兰治水思想从过去围海造田、"人与水抗争"转向"人与洪水共存"和"还河流以空间"。澳大利亚长期重视河流环境流量，墨累-达令流域从 19 世纪开始分水，关注墨累河干流下游有最低限度的水流，到 21 世纪开展墨累河生命行动计划改善河流健康状况，政府从农民手中回购水权用于河流生态修复。美国开展水库生态调度，实施环境流量管理需要较长的时间才能见到明显实效，而长期进行生态环境调查和信息的积累对取得保护生态环境的实效是非常重要的。泰晤士河从开始立法全面控制污染到水质恢复，不断完善治理措施，用了上百年时间实现鱼类重返，这些充分说明水生态治理和修复是个长期的过程。我国水生态文明建设在保障国家水安全、经济社会发展和生态文明建设中具有重要的战略地位，应充分认识水生态文明建设的长期性、艰巨性和复杂性。

（2）系统的保护和治理措施是实现水生态保护和治理目标的根本措施。涉水问题的复杂性和交织性，决定了治水必须以流域为单元，采取系统综合措施，协调多部门间利益关系，协调不同政府间冲突和矛盾，取得社会、经济、生态效益的协调。以莱茵河治理为例，上莱茵河"河道倍增"恢复河流空间，"2000年鲑鱼计划"加强排污企业管控、修复河流生态廊道、开展增殖放流以恢复生物多样性，《欧盟水框架指令》从制度上约束开发行为，莱茵河保护国际合作治理机制协调各方行动致力于莱茵河生态修复。这些不同措施相互配合，多国不同部门相互协调，最终推动了莱茵河的系统治理。

（3）不断完善的涉水基础设施建设是推进水生态治理的基础条件。美国芝加哥水环境治理、俄罗斯莫斯科河治理等都是依托水系连通工程、发挥工程生态效益改善河流水环境的成功案例。莱茵河鲑鱼归来离不开现有水坝增加鱼道的建设，伊菲茨海姆水电站就耗时3年建造了当时欧洲最大的鱼道，帮助鲑鱼等洄游鱼类重返家园。莱茵河、泰晤士河等污染严重河流治理的基础是源头控制，1859年伦敦在泰晤士河南北两岸修建污水支线管网并接入排污干渠，但是未经处理将污水转移到海洋，19世纪末以来伦敦建设了数百座小型污水处理厂，并最终合并为几座大型污水处理厂。新加坡加冷河河道恢复和韩国清溪川整治均采用了生态化的治理工程措施。由于工程设施和装备较为完善先进，发达国家对敏感区水生态环境的监测、对水资源和洪水的管理调度、对河湖环境流量的调控能力以及对受损河湖的修复能力等方面均达到了比较高的水平。

（4）发挥市场的手段是推动水生态保护修复重要动力源泉。有效的政企合作和市场化运作模式是促进发达国家水生态环境得以良好保护和治理的重要手段，实施过程是通过公共机构和私人企业界紧密合作、优势互补、双方共赢来实现的。发达国家通过水权交易、排污权交易、取排水费（税）等手段，引入市场机制，形成推动水生态保护和修复的经济动力。如以色列和新加坡水资源节约利用、泰晤士河治理、《欧盟水框架指令》实施等实践，均采用了一定的市场手段，有效推动了相关措施的实施。

（5）根据不同地区的特点、经济社会发展阶段采取有针对性的治水措施。不同地区、同一地区不同经济社会发展阶段的水问题不同、治理技术不同、经济承受能力不同，需要针对不同阶段特点，采取有针对性的措施。英国泰晤士河治理从早期修建管道隔离排污，到控制污染物排放，到采取流域综合管理，到引入市场机制，有效地改善了泰晤士河水生态环境。澳大利亚墨累-达令流域生态用水保障也经历了为保障河道最低流量进行分水，发展到水市场交易促进节水，到近期通过政府购买返回部分水权给河流的过程。

（6）制度和文化建设是保证治理效果形成长效机制的关键。《欧盟水框架指令》的实施、新加坡的水文化建设等，都体现出制度和文化建设对于形成全社会合力共同推进水生态保护修复的重要性，用制度保护环境，用文化养成氛围。《欧盟水框架指令》是国际流域综合管理和保护水资源较为成功的典范，欧盟成员国极力促进其生效和实施，执行不力的羞耻感在莱茵河各成员国之间起到了至关重要的作用。新加坡使环境保护（包括水）成为新加坡人共同的理念，政府的环境危机感变成了全民共同的忧患意识，强烈的危机感与忧患意识是新加坡环境保护的主要动力。

第 4 章

水生态文明的概念内涵
与评价指标

水生态文明来源于生态文明，生态文明自身定义的不确定性和水问题自身的复杂性，使得人们对水生态文明概念内涵的认识，目前仍未明确统一。认识上的不统一会导致行动上的偏差，为科学推进水生态文明建设，有必要明确统一水生态文明的概念内涵特征等问题。本章解析了水生态文明的定义，分析了水生态文明的内涵和特征，构建了水生态文明建设的评价指标体系，为后续提出水生态文明建设的总体思路和目标任务，奠定相应的理论基础。

4.1 人类活动对水生态系统影响的机理

水生态文明的提出针对的是水问题的应对和解决。水问题的产生根源在于人类活动对水生态系统产生了重大影响，打破了水生态系统原有的平衡。因此，对于水生态文明的认识，需要重新回到人类活动对水生态系统影响的机理分析上来。

4.1.1　水循环与人类活动

　　水作为一种生态要素，其自身运动转化规律决定了水生态系统具有区别于其他系统的显著特征。水通过"水循环"的方式，经由蒸发、降水、渗透、地表径流和地下径流等多种途径，在自然界中不断转换其状态和位置（图 4.1）。水循环把水这一生态要素与其他生态要素相结合，形成了各种以水为载体或要素的生态系统。与水有关的生态系统的产生、发展和演化，都是通过水循环的方式进行关联：通过水循环，水支撑着不同水分赋存条件下的生态系统；通过水循环，水在塑造地貌、维持生境以及调节净化等方面发挥着决定性作用；通过水循环，水不断进行着能量转换和物质迁移，决定了生态系统的动态演化。

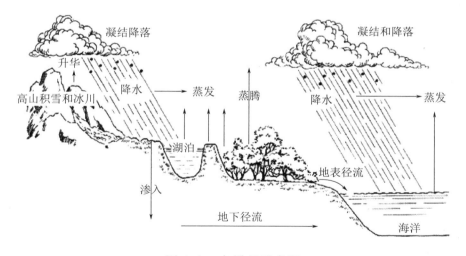

图 4.1　水循环示意图

　　在没有人类活动之前，水循环主要以天然的方式进行，称之为"天然水循环"。有了人类之后，人类在自身发展过程中，通过对水的开发、利用、治理、配置、节约、保护等形式，与水发生关系，产生了涉水行为，形成了人水关系，产生了"天然-人工"二元水循环（见图 4.2）。

图 4.2 人类活动与水循环的关系

这种二元水循环模式，改变了原来天然水循环的一元模式，产生了深远的影响。一方面，人类的各种涉水行为改变了水循环的路径，形成了所谓"人工水循环"：通过大规模取用耗排水，在自然循环的"降雨—蒸发—径流"的路径之外，增加了人工侧支循环。另一方面，人类的活动影响了水循环的动力条件：通过改变下垫面条件，改变了水循环的参数特性，影响了水循环通量。人类活动对自然水循环的影响关系见图 4.3。

人类活动在影响自然水循环之后，打破了原有自然水循环的稳态；加上水循环各要素、各过程之间的相互关联、相互传导，逐渐从单一影响变成系统影响，产生了全局性的变化，进而导致了一系列水问题的出现。可以说，目前众多的水问题，很大一部分原因就是人类活动对于水循环的影响，打破了原有自然水循环

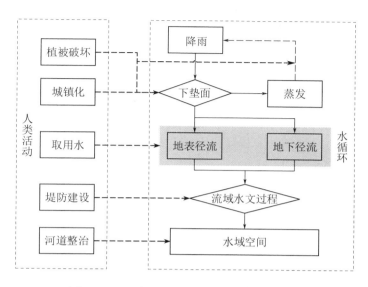

图 4.3　人类活动对自然水循环的影响

的稳态。因此，应对水问题，一方面需要用系统的思维和手段来应对水问题，把各种水问题放到水循环全过程中考虑，认识到问题之间的关联，系统解决；另一方面，水问题是由于人类活动介入水循环，打破了原有的平衡而产生的，因此应对水问题也需要从水循环入手，识别人类活动对水循环影响的方式、途径、强度，有针对性地进行管控。

4.1.2　生态系统服务功能

　　除了水循环，另一个认识和分析人水关系的机理是"生态系统服务"。"生态系统服务"（ecosystem services），又称"生态服务"，是 20 世纪 80—90 年代由 Costanza 等人提出，认为生态服务即"人类从生态系统获得的福利"，联合国《千年生态系统评估报告》中，包括"支持服务"（supporting services）、"供给服务"（provisioning services）、"调节服务"（regulating services）

和"文化服务"（cultural services）四类（图 4.4）。从这一定义出发可以认为，生态服务这一概念，既能体现从人类的视角看待生态系统的要求，也能把生态系统对人类社会发展的各种"作用"综合体现。

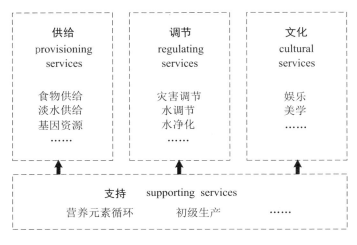

图 4.4　生态系统服务功能的分类及其相互关系

　　生态服务功能理论提醒我们，任何生态系统都具有"多重功能"。以水生态系统为例，水生态系统的支持功能主要是水和作为水的赋存空间的河流、湖泊、湿地以及地下水系统形成的自然演变功能；调节功能主要是水文循环过程中产生的调蓄洪水、气候调节、稀释净化等生态服务功能；供给功能和文化功能主要是向人类提供物质和产品支持以及美学享受等社会服务功能。

　　从生态服务功能的角度来看，所谓的水问题，其本质就是水生态系统提供的服务功能不健全、不完整、不可持续。以供给功能为例，如果对水资源的开采速度超过了水资源更新的速度，则水资源供给这一服务功能将不断退化：或是无法提供经济社会需要的水量，或是无法长时间稳定供给经济社会用水需求等。而水问题的解决，其表现结果就是水生态系统提供的服务功能健全、完整、可持续。从生态服务功能角度来看，人与水的关系要更加系统、全面，而为了维持和保护水生态系统的多重功能，就需要采取多种手段，从更加系统、全面、均衡的角度来处理人水关系。

从水循环和生态系统服务功能两大理论出发可以看出，水问题的产生，根本原因在于人类活动影响了自然水循环的过程，打破了稳态，并且由于水循环的相互关联和传导，形成了整个水循环的系统性变化，从而使得稳态下的水循环提供的各种生态系统服务功能受损，表现出来的结果就是各种水问题的产生。因此，水问题的解决，即人水关系的调整和改善，必须要坚持"两个贯穿"：一是贯穿于人水关系发生的全过程，即规划、设计、建设、管理，这是水循环的特点决定的；二是贯穿于水资源开发、利用、治理、配置、节约、保护的各方面，以恢复和维持相应的水生态系统服务功能。

4.2　水生态文明的概念内涵

4.2.1　概念

从有关机理和现实背景出发，水生态文明回答的是如何用生态文明的理念来破解水问题，以及如何围绕水这一生态要素来推进和保障生态文明建设。因此，我们认为水生态文明的概念是：水生态文明，是以生态文明理念为指导的，以保障经济社会可持续发展和实现水生态系统稳定健康为目标的，形成的用于规范人类涉水行为的，贯穿于水资源开发、利用、治理、配置、节约、保护等各方面和水利规划、建设、管理等各环节的一整套理念、技术和管理成果体系。

从这一概念出发可以看出：水生态文明的核心是生态文明理念，即人与自然和谐共处，落实到水上即是"人水和谐"；基本要求是保障经济社会可持续发展和实现水生态系统稳定健康，即一方面保障人类发展需求，另一方面保障水生态发展需求；根本方法是"两个贯穿"，即贯穿于水资源开发、利用、治理、配置、节约、保护等各方面和水利规划、建设、管理等各环节，即涉水行为的全过程；内容实质是理念、技术和制度"三位一体"。

（1）作为水生态文明的核心，人水和谐是水生态文明建设的灵魂。"人"是社会经济活动的主体，"水"是人类赖以生存和发展的基础性和战略性自然资源。"和谐"是和睦协调之意，是对立事物之间在一定的条件下形成的具体、动态、相对、辩证的统一，是不同事物之间相同相成、相辅相成、相反相成、互助合作、互利互惠、互促互补、共同发展的关系。"人水和谐"就是人类社会与自然水体相互协调的良性循环状态，即自然水体在维持和更新循环能力的前提下，能够为人类生存和经济社会的可持续发展提供久远的水源支撑和保障；"人水和谐"使有限的水资源为经济社会的可持续发展提供久远的支撑，为建设美丽中国，实现中华民族永续发展提供基本保障。

（2）作为水生态文明的基本要求，保障经济社会可持续发展和实现水生态系统稳定健康是两个基本点。这两个基本点通过人水和谐的核心实现辩证统一：一方面，水生态文明不是抛弃经济社会发展，而是更好地保障经济社会可持续发展，这既是"以人为本"这一科学发展观的核心要求使然，也是水生态文明建设的落脚点；另一方面，水生态文明的标志之一就是水生态系统的健康稳定，一个良好、健康、稳定的水生态系统，既是经济社会可持续发展需要的外部环境，也是人水和谐理念的重要体现。长期以来，人们过于重视水保障经济社会发展的作用，忽视了水生态系统自身发展的需求，从而导致了各种水问题的出现，最终影响了经济社会发展。水生态文明就是要扭转这种失衡，把保障人类发展需求和保障水生态发展需求摆在同等重要的位置。

（3）作为水生态文明的基本方法，"两个贯穿"是从水循环规律提出的。水的特点决定了人的涉水行为必然要遵循水循环的规律，在水循环的不同阶段和环节，发生不同类型的涉水行为，也产生相应的水问题。要实现人水和谐，必然要全面、系统地规范这些涉水行为。这些涉水行为，从水循环的阶段来看，包括水的开发、利用、治理、配置、节约、保护等方面；从先后顺序来看，包括规划、建设、管理等环节。不同的方面和不同的环节相互嵌套，形成了一种二维结构的涉水行为全图，"两个贯穿"正是从不同维度入手，对整个涉水行为进行调整。

（4）作为水生态文明的内容实质，理念、技术和管理涵盖了人水关系的三个方面。理念涉及精神层面，体现在涉水文化的自觉自律；技术涉及物质层面，体现在涉水资产的充盈高效；管理涉及制度层面，体现在涉水制度的完善有力。

涉水文化的自觉自律也反映为以下三个方面：一是公民水认知水平较高。公民是水生态文明建设的力量源泉，每个人从自己做起、从身边事做起，点滴的爱水、惜水、护水行为可以汇成蓬勃的水生态文明建设力量。只有全民真正做到节约用水、珍惜水资源，才有可能顺利推进水生态文明建设。二是企业自觉遵守水公德。水生态环境问题与企业活动息息相关，企业既是水资源浪费的重要主体，也是水环境污染的重要主体。承担环境责任的主体应是企业，"谁污染谁治理"，企业负有不可推卸的责任。热爱自然、保护环境是当今时代社会公德的重要内容，对每个企业都是一个严肃的公德课题。企业应当兼顾其他利益相关者的利益需要，自觉履行水环境保护的社会责任，促进经济社会的可持续发展。三是政府有效担当水责任。水生态文明建设是政府不可推卸的责任。政府在水生态文明建设中负有财政责任、制度责任、监管责任、社会整合责任。政府的财政责任在于构建稳定的财政投入机制，为水环境治理提供资金保障。政府的制度责任体现在构建水环境治理制度体系、解决不同法律法规之间的冲突和矛盾问题上。政府的监管责任通过强化对水环境问题的监督和管理责任，保证监管的效力得以体现。政府的社会整合责任需要整合包括环保组织、企业、社区、公民个人等广泛的社会公众的参与和支持，实现水生态文明的社会共建。

涉水资产的充盈高效，主要反映为三个方面。一是水资源保障的充足，一方面满足经济社会用水的需求，即通过合理开发和高效利用，经济社会发展有充足、洁净的水资源保障；另一方面满足生态环境用水的需求，即生态环境健康和良性发展所需的水资源充足。二是水工程设施的充足高效，水利工程是重要的涉水资产，是人类开发、利用、保护、治理水的主要载体；水工程设施的充足高效；一方面是各类工程数量充足，运行高效；另一方面，工程体系完整，布局合理，通过优化组合开发、利用、节约、保护、配置、治理的各类水工程，实现人水和谐。三是河湖生态空间的充足，河湖空间是除了水量之外的另一个重要的水域资产，对于维系水循环完整，输移物质能量，提供生物栖息地等具有重要作用，河湖生态空间的充足和保护有力，也是涉水资产充盈的一个重要方面。

涉水制度的完善有力，也反映为三个方面。一是制度健全。制度是国家机关、社会团体、企事业单位为了保证国家各项政策的顺利执行和各项工作的正常开展，而制定的具有法规性、指导性与约束力的应用文，为保障水生态文明建设的顺利进行，需要健全水管理制度，形成涉及水生态保护、治理、修复有关的体系健全的法律法规体系。二是落实有力。制定的各类制度可操作性强，能够符合经济社会发展阶段和不同地区实际需求，以问题为导向、以需求为牵引。三是监管得力。确保制度取得实效，监管得力是重要的保障，一方面要建立完善的责任机制，构建完善的监测体系，加强实施效果相关指标的监测；另一方面是建立完备的追责机制，要把对水生态环境保护目标责任考核和问责制度作为评估相关领导政绩的重要内容，对履职不力、监管不严、失职渎职的，要依法追究监管责任。

水生态文明的核心、基本要求、根本方法和内容实质是相互统一的整体，它们共同构成了水生态文明的概念内涵体系。

4.2.2 内涵特征

从水生态文明的概念内涵出发，可以认为，水生态文明建设应该包括以下六个方面的内涵特征。

（1）系统性。系统性是水生态文明建设最根本的特征之一，水生态文明的本质是"人水和谐"关系，人水关系的系统性。这种复杂的人水关系决定了问题的相互关联、措施的相互影响、效果的相互叠加。只有始终站在系统的角度，全面分析导致各种问题的成因、采取各种措施的效果，才能科学、全面、有效地推进水生态文明建设。

（2）均衡性。均衡性是水生态文明建设的主要标准之一。水生态文明的本质是"人水和谐",人水和谐就是一种均衡。这种均衡表现为空间均衡和时间均衡两个方面,空间上的均衡即经济社会发展布局与水资源环境承载力在空间上相匹配、相协调;时间上的均衡即经济社会活动对水生态系统的负荷在时间上相匹配、相协调,没有超过水生态系统自身承载力限度。在这两方面的均衡下,人水关系保持一种健康和可持续状态,从而实现了水生态文明的目标。

(3)多样性。多样性是水生态文明建设的重要特征。这种多样性体现在以下几个方面:一是水生态系统服务的多样性,各种水问题的根源在于对应的水生态系统服务出现问题,要看到生态系统服务多样,才能意识到水问题的复杂。二是人类涉水行为的多样性,人类涉水行为包括开发、利用、治理、保护等不同类型,以及对水资源、水空间(河湖空间、岸线)、水生物、水土、水能等不同对象,多样化涉水行为的作用过程和模式不同,调控这些不同行为所需要的措施不同,因此必须要因地制宜、因时制宜地推进水生态文明建设。

(4)自律性。自律性是水生态文明建设的重要方面,主要从人这一方面提出,水生态文明首先是控制人自身行为,约束经济社会发展对水生态系统无限制的索取,才有可能达到"人水和谐"的水生态文明状态。这种约束行为一开始是被迫的、倒逼的,是在面对严重的水生态环境问题情况下的不得已而为之。随着约束行为的不断深入,人类自我约束、自我限制的行为逐渐内化成人的自觉意识,形成自觉自愿的节水、护水、爱水的行为准则。只有形成这种自觉自愿的行为,才能最终确保水生态文明效果的可持续性。

(5)安全性。安全性是水生态文明建设的重要目标之一。所谓安全性，就是人类发展不受或少受水问题的威胁，这些水问题包括水短缺、水污染、水灾害等多种问题。水生态文明最终要形成较强的水系统调控能力、较强的水风险预警能力、较强的水部门联动协调能力，实现对水安全的全面保障，从而为经济社会发展提供了坚实的水安全战略环境。只有这种战略环境的形成，才能为"人水和谐"奠定基础。

（6）高效性。水生态文明通过完善的基础设施、生态的治水方式、完善的管理制度，高效地为经济社会提供良好的用水条件和优美的生态环境，使人类合理的用水需求从数量、质量和便捷方面得到满足，使人类高雅的享水需求从景观、空间和文化上得到满足，使有限的水资源可以更为充分、更加高效地发挥多种功能，成为一种综合的水生态产品。

4.3　水生态文明建设的评价指标

目前，我国关于生态文明的评价指标已有若干试行标准和研究基础。如环境保护部于 2013 年发布的《国家生态文明建设试点示范区指标（试行）》（环发〔2013〕58 号），针对县级和市级行政区，从生态经济、生态环境、生态制度、生态人居、生态文化等五个方面提出了三十项评价指标；部分省市也相继制定了各自的生态文明评价指标和技术标准。生态文明评价指标虽涉及水生态，但终究不是针对水生态文明的专门指标体系。

在水生态文明评价指标方面，目前还没有发布权威的指导性文件。山东省率先出台了《山东省水生态文明城市评价标准》（DB37/T 2172—2012），分别从水资源、水生态、水景观、水工程、水管理等五个方面提出了二十三项评价指标；在水利部和山东省人民政府联合批复的《济南市水生态文明建设试点实施方案》（济政发〔2013〕1 号）中，提出了包括水生态、水景观、水安全、水利用、水管理、水文化等六个方面共二十七项的试点目标指标体系。此外，水利系统研究建立的《水生态系统保护与修复试点工作评估指标体系》、《河湖健康评价指标体系》、《节水型社会评价指标体系和评价方法》（GB/T 28284—2012）、《水利风景区评价标准》（SL 300—2004）、《水土保持生态文明工程考评办法（试行）》等，都为水生态文明评价指标体系的建立奠定了重要基础。专栏 4.1 举例说明了山东省和苏州市水生态文明评价指标体系的设计，反映了现阶段指标体系的建立情况。

专栏 4.1

现阶段水生态文明建设评价
指标体系的设计示例

1. 山东省

2012 年山东省出台《山东省水生态文明城市评价标准》（DB37/T 2172—2012），该标准由五个方面二十三项评价指标构成。①水资源体系：水资源体系主要考察水资源支撑城市经济社会可持续发展的能力，从城市水源情况和用水效率两个方面进行评价。②水生态体系：城市水生态体系主要指水域水体维持水生态平衡、防止水生态破坏、促进水生态良性循环的能力，从水域环境、动植物资源和水土保持等三个方面进行评价。③水景观体系：城市水景观体系主要考察城市水域周边的风景、风貌和特色，从生态水系治理、亲水景观建设、水利风景区建设和观赏性四个方面评价。④水工程体系：水工程指在江河、湖泊和地下水源上开发、利用、控制、调配和保护水资源的各类工程。水工程体系主要考察水利工程的运行状况，从工程标准、工程质量和工程景观方面评价。⑤水管理体系：水管理体系是指运用法律、行政、经济、技术等手段对水资源的分配、开发、利用、调度和保护进行管理的各种活动，以求可持续地满足经济社会发展和改善环境对水的需求，从规划编制、管理体制机制和公众满意度等方面评价。具体指标分值参见表 A。

表 A　　　　　　　　山东省水生态文明城市评价指标表

评价项目		评价内容	评价指标及分值
水资源体系（25分）	水源情况（15分）	水源保障程度	有水资源中长期供求计划和配置方案、年度取水计划、水资源统一调配方案、有备用水源地，5分；缺少1项减1分
		非常规水源利用情况	非常规水源供水量占城市总供水量不小于20%，5分；每减少5%减1分
		水源地保护	对饮用水水源地划定保护区，措施完备，5分；有保护，措施不完备，3分；无保护0分
	用水效率（10分）	规模以上工业万元每增加值取水量	不大于16m³/万元，4分；每增加2m³/万元，减1分
		供水管网漏损率	基本漏损率不大于12%，3分；每增加3%减1分
		节水宣传教育	主流媒体有节水专栏，市内有节水宣传标语，学校有节水教育课程，3分；每少1项减1分

续表

评价项目	评价内容		评价指标及分值
水生态体系（30分）	水域环境（15分）	水域（河流、湖泊、湿地）面积	适宜水面面积率不低于 5％，5分；每减少 1％减 2 分
		生态水量	所有水域全年均有生态水量，5分；每减少 5％减 1 分
		水域水质	80％以上水体清澈，无杂物，5分；每减少 2％减 1 分
	动植物资源（9分）	植物配置、绿化效果	植物选择和配置合理，绿化长度与水体岸线长度比大于 80％，5分；每降低 1％减 1 分
		生物种类、种群数量	生物物种的数量应大于地区平均物种数量，4分；与当地平均水平一致，2分；有特有野生物种加 1 分
	水土保持（6分）	水土保持方案编制	水土保持方案申报率、实施率和验收率均达到 95％以上，3分；每项每降低 1％减 1 分
		水土流失防治效果	水土流失治理率 95％以上，3分；每降低 1％减 1 分
水景观体系（18分）	生态水系治理（5分）	生态水系治理度	水系治理长度（面积）不小于 80％，5分；每减少 2％减 1 分
	亲水景观建设（4分）	亲水景观种类、数量及安全防护措施	亲水设施种类三种以上，安全保护设施完备，4分；每减少一种减 1分；安全防护设施不完备，0 分
	水利风景区建设（5分）	水利风景区数量、级别	有一处国家级水利风景区或两处省级水利风景区，5分；一处省级水利风景区 3 分
	观赏性（4分）	水域及周边景点观赏性、水文化特色	水域及周边自然环境优美、人文特色显著及整体景观效果好，4分；缺少 1 项减 1 分

续表

评价项目		评价内容	评价指标及分值
水工程 体系 （12分）	工程标准 （4分）	工程达到防洪 除涝标准、 供水标准情况	100％工程达到设计标准，4分； 每减少5％减2分
	工程质量 （4分）	水利工程 设施完好率、 运行状况	工程及设备的完好率不小于85％， 4分；每减少2％减2分
	工程景观 （4分）	水利工程与 周边融合情况， 建筑艺术效果	水工程具有代表性、创新性和艺 术性，4分；缺少1项减2分
水管理 体系 （15分）	规划编制 （5分）	现代水网建设、 防洪、供水、 水污染防治规划 和水事应急处理预案	规划和方案全部经政府批准，5 分；缺少1项减1分
	管理体制 机制 （5分）	水管单位机构、 制度和经费	机构健全、制度完备、经费充足， 5分；机构健全，制度基本完备， 有经费来源3分；机构不健全0分
	公众满意度 （5分）	公众对水生态 环境的满意程度	满意率不低于80％，5分；每降 低5％减1分

2. 苏州市

苏州市根据水利部《关于加快推进水生态文明建设工作的意见》（水资源〔2013〕1号）提出的水生态文明建设目标，在遵循因地制宜、定性与定量相结合、可操作性及导向性原则的基础上，确定了五个框架指标，三十五个子指标；通过构建水生态文明城市建设的指标体系框架，提出了不同阶段需达到的目标值。具体情况见表 B。

表 B　　　　苏州市水生态文明建设试点指标体系

分类	评价指标	指标值		
		现状 （2012 年）	试点期 （2015 年）	远期 （2020 年）
水环境治理	化肥（农药）施用强度/(kg/hm²)	259（2.8）	225（2.5）	200（2.0）
	规模化畜禽养殖场废弃物综合利用率/%	80	95	100
	完成清洁生产审核企业数量/家	1400	2000	2500
	工业废水排放达标率/%	99	100	100
	生活污水收集处理（城区）/%	97	98	99
	生活污水收集处理（镇区）/%	88	95	96
	生活污水收集处理（农村）/%	61	70	75
	感官黑臭河道	—	无	无
	河流透明度大于 50cm 的比例/%	40	45	60
	主要湖泊富营养化指数	54	52	50
水生态修复	自然湿地保护率/%	26.3	40	50
	新建、改造护岸的生态化比例/%	—	90	95
	城市新开发区透水地面率/%	—	40	40
	主要湖泊蓝绿藻密度/(10⁴cell/L)		600	500
	主要湖泊沉水植物覆盖率/%	5	10	20
	土著鱼类种类	—	105	107
	两栖动物栖息地数量/个	10	20	30
水资源管理	用水总量/亿 m³		61	64
	万元工业增加值用水量/m³	15.9	15	13
	农田灌溉水有效利用系数	0.636	0.65	0.7
	水功能区水质达标率/%	62.9	70	85
	万元 GDP 用水量/m³	67.8	60	50
	重要水管理制度有效实施率/%	94	95	100
	水资源监控管理能力/%	90	95	100
	水域面积保护率/%	—	100	100

续表

分类	评价指标	指标值		
		现状 （2012 年）	试点期 （2015 年）	远期 （2020 年）
水经济 发展	战略性新兴产业产值占 全市工业产值比重/%		50	60
	生态化养殖水产面积/万亩	10	30	60
	涉水休闲项目游客数量/万人		500	800
	生态补偿资金到位率/%	100	100	100
水安全 保障	流域防洪达标率/%	96	98	100
	防洪除涝达标率（区域）/%	74	85	100
	防洪除涝达标率（城市）/%	89	90	100
	防洪除涝达标率（圩区）/%	95	96	98
	集中式饮用水水源地安全保障达标率/%	100	100	100
	公共供水末梢水质达标率/%	100	100	100
水文化 培育	古井、古桥和古水埠保护个数/个		100	150
	省级以上涉水保护区和景区/个	20	22	25
	水生态文明宣传教育（干部）/%	50	80	100
	水生态文明宣传教育（学生） /（课时/阶段）		1	2
	水生态文明宣传教育（公众）/（次/年）	20	50	80
	水生态文明宣传教育（企业）/（次/年）	5	10	20
	水生态文明志愿者数量/人	200	300	400
总评	公众对水生态环境的满意度/%	—	70	80

　　本书在深入研究现有指标体系的基础上，结合水生态文明的概念内涵特征，研究提出了现实可行并可在全国推广应用的水生态文明建设的评价指标体系。

4.3.1 指标体系的构建原则

构建水生态文明建设评价指标体系，需要遵循以下几项原则。

1. 与内涵特征相吻合

建立水生态文明建设指标体系评价的目的是评估水生态文明建设状态，其实质就是评估水生态文明内涵特征的外在表现，因此评价指标体系和指标选择要能全面、系统地表征水生态文明的内涵和特征，这是构建水生态文明建设指标体系的首要原则。

2. 系统性及针对性

水生态文明状况评价要以经济社会系统发展为重点，以水生态系统健康状况为标尺，遵循人水系统作用的规律。社会经济系统评价不仅要考虑水的取、供、用、耗、排等全过程，也要考虑人的水生态保护意识和爱水护水的理念。自然水生态系统也要兼顾陆面产水过程以及河道、地下水、湖泊、湿地、河口的系统水循环过程。

3. 因地制宜，分区分类

我国国土面积大，不同区域气候及经济社会发展水平差异很大，水生态系统结构功能也不相同。在评价水生态文明状况时，应考虑不同地区之间的差异，例如我国南北方、内陆与外流河、森林覆盖率、人均水面面积、人均绿地、河流生态流量等都存在显著的地区差异。

4. 定量可比性和相对性

一个地区的水生态文明状况是相对的，不是绝对的，应确定定量指标并进行分级，而不能机械地确定一个指标值，低于这个标准就是不文明的，否则就是文明的。尤其是经济社会指标方面，要考虑国际国内发展水平的横向比较，制定分级指标阈值来评判一个地区水生态文明状况。

5. 指标的简单实用

水生态文明状况评价不仅是为了评价人水关系状况，更重要的是要能够识别水生态系统面临的问题，分析人类经济社会发展中不文明的要素，并为发展规划和政策的制定提供依据。因此，评价指标应简单实用、代表性和独立性强、有资料基础。

4.3.2　指标体系的构建

根据上述原则，本书采用"层次分析法"构建指标体系，包括目标层、准则层、指标层三个层次。

目标层（A）：水生态文明建设的核心和关键是实现人水和谐，因此本书把"人水和谐"作为水生态文明建设评价指标体系的目标层，它是水生态文明建设的总目标。

准则层（B）：准则层是制约目标层的主要因素，可以理解为分目标层。从水生态文明建设的特征出发，本书认为水生态文明建设评价指标体系的准则层包括六类，即系统完整性、空间均衡性、生物多样性、开发自律性、安全保障性和管控高效性。对应水生态文明特征中的系统性、均衡性、多样性、自律性、安全性和舒适性六个方面。

指标层（C）：指标层由直接可以度量的指标构成，它是水生态文明建设评价指标体系的最基本层面。在具体选择指标时，一方面要考虑可操作，与现有的常用指标相协调；另一方面要考虑代表性和简洁性。

据此，本书构建了由一个总目标、六个评价准则、十八个具体指标构成的水生态文明建设评价指标体系，见表 4.1。

表 4-1　　　　　　水生态文明建设评价指标体系

目标	准则	主要指标	量纲	属性
人水和谐（A）	系统完整性（B₁）	河流纵向连通性指数（C₁）	%	定量
		河湖生态需水满足程度（C₂）	%	定量
		河湖生态护岸比例（C₃）	%	定量
	空间均衡性（B₂）	水域空间指数（C₄）	%	定量
		水土流失治理率（C₅）	%	定量
		城市渗透空间指数（C₆）	%	定量
	生物多样性（B₃）	栖息地损失指数（C₇）	—	定量
		水生生物完整性指数（C₈）	—	定量
	开发自律性（B₄）	水资源开发利用率（C₉）	%	定量
		废污水处理率（C₁₀）	%	定量
		万元 GDP 用水量（C₁₁）	m³	定量
		农田灌溉水有效利用系数（C₁₂）	—	定量
	安全保障性（B₅）	防洪排涝达标率（C₁₃）	%	定量
		集中式饮用水水源地安全保障达标率（C₁₄）	%	定量
		水功能区水质达标率（C₁₅）	%	定量
	管控高效性（B₆）	水生态文明宣传教育载体数量（C₁₆）	个	定量
		水资源监控管理能力指数（C₁₇）	—	定性
		水生态文明制度完善度（C₁₈）	—	定性

该评价指标主要用于指导未来全国和各地区水生态文明建设的方向和主要任务。考虑到我国各地区差异较大，同时随着时间的推移，指标本身的要求也在不断变化，因此本书未给出各项指标的阈值标准，可待后续相关研究再作详细论证。

4.3.3 评价指标的计算

1. "系统完整性"指标

"系统完整性"指标用以下三项指标表示。

（1）河流纵向连通性指数。指河流每 100km 河长内阻隔河流连通的人工建筑物数量。此类人工建筑物不包括已有过鱼设施的闸坝、不影响鱼类通过的小型跌水工程和溢流坝等。参加评价的河流为流域面积 100km² （含）以上的河流，计算公式如下：

$$河流纵向连通性指数 = \frac{阻隔河流连通的人工建筑物数量}{评价河流总长度} \times 100\%$$

（2）河湖生态需水满足程度。指主要河流典型断面生态需水满足率的平均值。计算公式如下：

$$河流生态需水满足程度 = \frac{\sum_{i=1}^{n}(第\,i\,条河流生态需水满足率)}{n} \times 100\%$$

$$生态需水满足率 = \frac{评价年日均流量满足生态需水要求的天数}{评价年总天数} \times 100\%$$

其中，n 为参与评价的河流数，各地区应根据自身条件，选择不少于三条的区域代表性河流作为评价对象。代表性河流一般应是行政区域范围内流域面积最大的三条河流，或是其他具有重要意义的河流。各代表性河流生态流量标准以流域或区域水资源保护规划确定的值为准，水资源保护规划未加以明确的河流参照《河湖生态环境需水计算规范》（SL/Z 712—2014）确定。

（3）河湖生态护岸比例。指全部人工建设护岸中生态护岸长度所占比例，计算公式如下：

79

$$河湖生态护岸比例 = \frac{已建生态护岸长度}{人工建设护岸总长度} \times 100\%$$

2. "空间均衡性"指标

"空间均衡性"指标用以下三项指标表示。

（1）水域空间指数。指区域饮用水水源地、河湖、沼泽湿地、蓄洪滞涝等各类水生态空间水域面积或者最高水位线以下的面积占区域总面积的比例，计算公式如下：

$$水域空间指数 = \frac{各类水生态空间水域面积或者最高水位线以下的面积}{区域总面积} \times 100\%$$

本指标应根据不同地区特点综合考虑。

（2）水土流失治理率。指水土流失治理面积占区域水土流失总面积的比例，计算公式如下：

$$水土流失治理率 = \frac{水土流失治理面积}{区域水土流失总面积} \times 100\%$$

（3）城市渗透空间指数。指城市建成区透水面积占城市总面积的比例，反映城市化进程带来的地面硬化对天然径流的改变程度。海绵型城市建设改造后的硬质地面透水面积计算可按照一定的系数增加。

3. "生物多样性"指标

"生物多样性"指标用以下两项指标表示。

（1）栖息地损失指数。指评估区域内现状年栖息地个数与近天然基准年栖息地个数的差异情况，计算公式如下：

$$栖息地损失指数 = \frac{栖息地个数}{基准年栖息地个数}$$

（2）水生生物完整性指数。指各类水生生物种类数量与近天然基准年种类数量比值的算术平均值。计算公式如下：

$$水生生物完整性指数 = \left[\frac{浮游生物种类数}{基准年浮游生物种类数} \right.$$

$$+ \frac{底栖动物种类}{基准年底栖动物种类}$$

$$+ \frac{鱼类种类数}{基准年鱼类种类数}$$

$$\left. + \frac{高等水生植物种类数}{基准年高等水生植物种类数} \right] \div 4$$

现状种类数量统计不包括外来物种；近天然基准年水生生物种类数以前期调查资料、文献记载、专家咨询等为依据确定，参考年代一般不晚于 20 世纪 80 年代。

4. "开发自律性" 指标

"开发自律性" 指标用以下四项指标表示。

（1）水资源开发利用率。指区域一定时期当地水资源供水总量（包括调出水量）与同期当地水资源总量比值，计算公式如下：

$$水资源开发利用率 = \frac{当地水资源供水总量（含调出水量）}{当地水资源总量} \times 100\%$$

（2）废污水处理率。指城镇居民生活污水和工业废水达标处理量与废污水排放总量的比值，计算公式如下：

$$废污水处理率 = \frac{生活污水和工业废水达标处理量}{废污水排放总量} \times 100\%$$

（3）万元 GDP 用水量。指按新水取用量计的用水量与国内生产总值的比值，是反映国民经济用水效率提高的重要指标，表征区域经济产出的用水水平，计算公式如下：

$$万元 GDP 用水量 = \frac{年用水总量}{国内生产总值}$$

（4）农田灌溉水有效利用系数。指在某次或某一时间内被农作物利用的净灌溉用水量与水源渠首处总灌溉引水量的比值，它与灌区自然条件、工程状况、用水管理水平、灌水技术等因素有关表征灌溉工程质量、灌溉技术水平和灌溉用水管理水平，计算公式如下：

$$农田灌溉水有效利用系数 = \frac{净灌溉用水量}{水源渠首处总灌溉引水量}$$

5. "安全保障性"指标

"安全保障性"指标用以下三项指标表示。

（1）防洪排涝达标率。该指标由防洪堤防达标率、排涝达标率两项子指标分别评价赋分后，取其平均值作为该项指标评分。

防洪堤防达标率指防洪堤防达标长度与现有及规划堤防总长度的比值，计算公式如下：

$$防洪堤防达标率 = \frac{防洪堤防达标长度}{现有及规划堤防总长度} \times 100\%$$

排涝达标率指相关规划明确排涝任务与目标区域中的排涝达标面积与明确排涝任务与目标区域总面积的比值，计算公式如下：

$$排涝达标率 = \frac{排涝达标面积}{明确排涝任务与目标区域总面积} \times 100\%$$

（2）集中式饮用水水源地安全保障达标率。指区域内集中式饮用水水源地安全保障达标个数占总数的比例，计算公式如下：

$$集中式饮用水水源地安全保障达标率 = \frac{集中式饮用水水源地安全保障达标个数}{集中式饮用水水源地总数} \times 100\%$$

集中式饮用水水源地安全保障达标要求参照《全国重要饮用水水源地安全保障评估指南》，其中未列入全国重要饮用水水源地名录的可仅考察水量和水质目标要求。

（3）水功能区水质达标率。指在国家或省级人民政府批复的水功能区中，按全指标评价的达标水功能区数量的占比，计算公式如下：

$$水功能区水质达标率 = \frac{水质达标水功能区数量}{国家或省级人民政府批复的水功能区数量} \times 100\%$$

6. "管控高效性"指标

"管控高效性"指标用以下三项指标表示。

（1）水生态文明宣传教育载体数量。指具有水生态文明理念宣传功能的水工程、涉水自然保护区、重要湿地、节水和水土保持教育基地、水博物馆、水利风景区等物质载体数量，以及以水体、水利或水资源节约保护为主要内容的文化节、文化遗产等非物质载体数量之和。

（2）水资源监控管理能力指数。指区域内设立监测站点、管理机构、水资源用水计量等是否健全的程度，为定性指标。

（3）水生态文明制度完善度。指涉水事务统一管理覆盖制度、水资源管理法规是否健全的程度，是评价区内实行水务统一管理的县级行政区个数占县级行政区总数的比例，为定性指标。

第 5 章

我国水生态文明建设的总体战略

本章以当前我国水生态文明建设存在的问题为导向，根据水生态文明内涵特征，结合国外建设经验，提出我国水生态文明建设的总体思路，明确建设的指导思想、基本原则、建设目标、任务和布局，为系统推进我国水生态文明建设，指明战略方向。

5.1　指导思想和基本原则

5.1.1　指导思想

全面贯彻党的十八大、十九大会议精神和习近平总书记系列重要讲话精神，落实党中央国务院关于生态文明建设的总体部署，坚持"创新、协调、绿色、开放、共享"的发展理念，按照"节水优先、空间均衡、系统治理、两手发力"的新时期治水思路，以优化水生态空间开发格局、全面促进水资源节约利用、强化水生态系统保护与修复、健全水生态文明制度、提升水生态文明建设能力、加强水文化建设六大战略重点为抓手，将尊重自然、顺应自然、保护自然的理念贯穿于水资源开发、利用、治理、配置、节约、保护等各方面和水利规划、建设、管理等各环节，使青山常在、绿水常在，为建设美丽中国，实现中华民族永续发展提供水的支撑。

5.1.2 基本原则

（1）坚持尊重自然、绿色发展。牢固树立人与自然和谐相处的理念，尊重自然规律，以水资源环境承载能力为发展的硬约束，以水定产、以水定城，坚持经济、社会、人口与资源环境相协调的可持续发展理念。

（2）坚持节约优先、保护优先。把水资源节约和水生态保护摆在优先位置，将节约用水、保护水资源贯穿于经济社会发展和群众生活生产全过程，坚持以最少的水资源消耗支撑经济社会可持续发展。

（3）坚持统筹兼顾、系统治理。立足山水林田湖是一个生命共同体的思想，全面实施系统综合治理，统筹协调源头治污与末端治理、工程与非工程措施、点源面源内源污染综合防治，采取保护与修复相结合、建设与管理相结合的系统措施。

（4）坚持因地制宜、分类施策。充分考虑不同区域经济社会发展、生态环境特征问题等的差异，以问题为导向，以需求为牵引，突出区域差异和地域特色，有针对性地开展不同区域、不同领域的水生态文明建设工作。

（5）坚持深化改革、创新发展。把改革创新作为推进水生态文明建设的基本动力，把水生态文明制度建设作为突破口，创新体制机制，加强重点领域和关键环节的改革攻坚，完善水生态环境管理制度体系，构建系统完整的水生态文明制度体系。

（6）坚持政府主导、全民参与。坚持政府作用和市场机制两手协同发力。充分发挥政府的引导、支持和监督作用，积极发挥市场在资源配置中的决定性作用，着力推进政府职能转变和市场机制形成的改革攻坚，推动形成部门协同、社会参与的强大合力。

5.2 战略目标

5.2.1 总体目标

通过 10~20 年的努力，从根本上扭转水生态系统保护与经济社会发展不协调的关系，形成具有中国特色的五大有机协调的水生态文明建设总体格局：水生态空间管控能力得到全面提升，生态空间与经济布局实现有机协调；水资源利用效率效益达到国际先进水平，水资源承载能力与开发利用负荷实现有机协调；水生态环境服务功能得到显著提升，水生态环境承载能力与污染排放和空间侵占负荷实现有机协调；水生态文明制度体系日臻完善，政府管控与市场驱动实现有机协调；水生态文明建设能力不断加强，水生态文明的价值理念深入人心，工程建设与长效发展实现有机协调。水生态文明建设水平与保障经济社会可持续发展要求相适应。

5.2.2 阶段目标

2020 年，空间体系初步建立，双控行动基本落实，生态质量稳步提升，重大制度基本建成。完成全国第一次水生态空间调查评价，出台全国水生态空间规划技术指南，初步建立水生态空间规划体系；全国年用水总量控制在 6700 亿 m^3 以内，农业用水基本实现零增长；全国重要江河湖泊水功能区水质达标率提高到 80％以上，河湖生态环境水量基本保障，新增水土流失综合治理面积 27 万 km^2，地下水超采得到严格控制；水生态文明五大关键制度建设取得决定性成果，重大制度基本建成。

2030 年，空间格局趋于优化，用水效率趋于先进，生态拐点趋于显著，制度体系趋于完善。完成全国水生态红线划定，水生态空间逐步得到保护和恢复；全面建成节水型社会，全国用水总量控制在 7000 亿 m^3 以内，非常规水资源利用比例显著提高；重要河湖水功能区水质达标率提高到 95％以上，被挤占的河道内生态环境用水和超采的地下水量全部得到退还；产权清晰、多元参与、激励与约束并重、系统完整的水生态文明制度体系基本形成，水文化体系基本建立，水生态文明理念深入人心。

5.3 战略任务

以流域为单元，围绕实现水生态文明建设五大有机协调的战略格局，牢牢抓住"优化水生态空间开发格局、全面促进水资源节约利用、强化水生态系统保护与修复、健全水生态文明制度、提升水生态文明建设能力、加强水文化建设"六大重点方向，提出推进水生态文明建设的战略任务。

1. 优化水生态空间开发格局

水生态空间是水生态文明建设的载体，在维系流域、区域生态平衡、保障生态安全方面具有重要作用。针对城镇化建设、经济社会发展挤占河湖水域空间和岸线、破坏洪涝水蓄滞空间等突出问题，在开展全国水生态空间基础信息调查评价基础上，以全国主体功能区规划等为依据，完善水生态空间规划顶层设计，统一研究界定水生态空间功能定位；划定水源涵养空间、饮用水水源地保护区、河湖空间、蓄洪滞涝空间等各类水生态空间边界；开展重要水生态空间承载负荷评价，划定水生态保护红线，调整水生态空间超载区发展布局，建立河湖休养生息制度，合理调整蓄滞洪区建设，推进海绵城市建设，保障健康充裕的水生态空间，促进人水空间格局均衡协调。

2. 全面促进水资源节约利用

水资源节约利用是缓解我国水资源供需矛盾问题，实现生态良好、经济社会可持续发展的首要之策。针对水资源开发利用荷载与水资源禀赋条件不协调、不匹配、不均衡，以及经济社会用水挤占生态环境用水等突出问题，以节水型社会建设为切入点，实施水资源消耗总量和强度双控行动，实行计划用水管理；严格取水许可，强化水资源承载能力在区域发展、城镇化建设、产业布局等方面的刚性约束；强化水资源安全风险监测预警；全力推进农业、工业、服务业和城镇生活节水，鼓励非常规水源利用，降低区域水资源承载负荷；建立健全节水激励监督机制，建立节水内生动力机制，培育发展节水产业，强化节水社会监督。

3. 强化水生态系统保护与修复

良好的水生态环境是经济社会可持续发展的根本基础，是惠及子孙后代的民生福祉，是中华民族伟大复兴中国梦的重要组成部分。针对经济社会快速发展带来的河湖污染、富营养化等水生态环境问题，以及大部分区域水环境承载能力达到或接近上限的突出矛盾，以系统治理为手段，协同推进水资源保护、水生态修复和水污染防治。建立健全水功能区分级分类监督管理体系，严格控制入河湖排污总量。加强入河湖排污口监管，完善污染物排放许可制度，加快建制镇污水处理设施建设。推进河湖水系连通，恢复河湖生态系统及其功能。落实饮用水水源地核准和安全评估制度，全面开展水源地安全保障达标建设。加强水土保持生态建设，因地制宜推进小流域综合治理。实施地下水保护与超采区综合治理，严格控制深层承压地下水开采。加强农村水环境综合整治，开展农村生态河塘建设。

4. 健全水生态文明制度

针对水生态文明建设体制机制不完善，水资源、水生态环境管控不足等突出问题，按照《生态文明体制改革总体方案》（中发〔2015〕25号）的总体部署，围绕源头严防、过程严管、后果严惩的总体思路，加快推进水资源和水生态管控的五大关键制度建设，以推进水治理体系现代化为目标，进一步完善水法规体系，加强节水、水资源水生态保护标准规范体系建设；积极推进水流产权制度建设，探索建立水权配置体系，推进河湖水域、岸线等水生态空间确权划界，探索多种形式的水权流转方式，探索建立水生态空间有偿使用制度；健全水资源有偿使用制度，着力推进水价改革；健全水流生态保护补偿机制；积极推进"河长制"等制度建设，建立水生态文明建设目标体系、考核办法与奖惩机制，探索编制水资源资产负债表，积极探索建立领导干部水资源资产离任审计制度，以制度维护水生态环境的系统性、多样性和可持续性。

5. 提升水生态文明建设能力

水生态文明建设能力是加快推进水生态文明建设的内生动力和有力支撑。针对水生态文明建设的薄弱环节，以监测体系建设、关键技术创新、人才队伍建设和强化执法监督四大重点任务为抓手，系统提升水生态文明建设能力，为水生态文明建设提供坚实的保障。依托大数据、云计算等高新技术手段，建设布局合理、全域覆盖、结构完备、功能齐全、高度共享的水资源水生态基础信息计量监控与传输系统；健全水生态环境健康调查、监测与风险评估制度；推进水生态文明重大技术创新，制定水生态保护与修复技术年度科技攻关计划项目目标，建立有效推进新技术应用与推广的机制；加强水生态保护人才队伍建设，加强水生态保护专业人才培养，建立职工终身教育体系；加强重点领域执法，加强基层执法队伍、环境应急处置救援队伍建设。

6. 加强水文化建设

水文化是中华文化和民族精神的重要组成，针对水利发展中悠久的水文化遗迹保护缺乏、和谐的亲水环境日益减少等突出问题，以水生态文明意识培育为主线，加强传统水文化遗产的传承与保护，对历史水文化遗产进行深度发掘，加大对水文化物质、非物质文化遗产的保护和传承力度；大力营造现代水文化，从文化角度认识人与自然和人与水的关系，树立人水和谐的理念，积极培育水生态文明意识，着力提升全社会的水资源意识、水生态意识、水危机意识、爱水节水护水意识。充分发挥公众参与的作用，完善公众参与制度，建立健全水生态环境信息公开制度体系，健全举报、听证、舆论和公众监督等制度，建立符合水生态文明要求的水资源保护公益诉讼制度，建立健全水生态环境信访维权机制，充分发挥公众参与的作用，引导全社会建立人水和谐的生产生活方式。

5.4 战略布局

以问题为导向，以需求为牵引，统筹考虑我国自然地理、生态环境、经济社会发展空间格局和水利发展总体布局。一方面立足我国城乡发展的差异和水生态文明建设的不同需求，按照城镇和乡村两大维度，分别确定水生态文明建设的不同模式；另一方面立足我国不同地区的水生态环境禀赋条件和水生态文明建设的突出薄弱环节，依据我国六大区划分的传统和习惯，按照城乡布局和东北、华北、华中、东南沿海、西南、西北六大区域布局，明确水生态文明建设的战略方向和重点任务，构建水生态文明建设的战略布局。

5.4.1　城乡布局

1. 城镇

加强对城市水生态空间用途管制，严格划定城市水生态红线，恢复、改善和扩大城市水生态空间。通过完善的用水标准体系、工程技术创新、节水技术和器具推广等措施，提高工业、城镇生活节水能力，大力推进非常规水源开发利用，全面推进节水型城市建设。提升城镇生活污水、工业废水处理能力，采取河湖清淤疏浚和生物措施治理内源污染，加强入河湖排污口设置审批、监管和整治，强化水功能区水质达标管理。合理确定河湖生态保护目标和生态流量，通过水系连通、水库联合生态调度等措施，保障生态用水量。大力开展城镇受损水生态系统的治理修复，采用生态友好型的工艺、材料和技术，保护城市河湖自然形态，避免过度硬化、渠化。推进城市水源地、上下游城市间水生态补偿工作，明确水生态补偿主客体，合理制定补偿标准，创新发展补偿方式。发掘城市水文化资源，强化水文化传承创新，把城市建设成历史底蕴厚重、水景观自然优美的宜居生活空间。继续开展水生态文明城市建设试点，探索城市水生态文明建设新模式。

2. 乡村

围绕建设山清水秀的美丽新乡村，加强对乡村水生态空间的保护，加快推进乡村水域岸线登记、河湖范围、水利工程确权划界工作，明确水生态空间管护主体和责任。禁止围湖造田等侵占水生态空间行为，大力实施退田还湖、退渔还湖，加强圩区管理，恢复河湖水域面积。改造升级农田水利工程，积极推广微灌、喷灌等高效节水灌溉措施，提高农业节水能力，对于华北、西北地下水超采严重的地区，通过调整种植结构、创新节水灌溉技术等措施，减少对地下水开采。大力开展重要水源涵养区、江河源头区、生态保护区水土保持生态工程建设，推进坡耕地水土流失综合治理、清洁流域建设工作，建立健全山洪地质灾害预警应急体系。加快推进农村河塘整治，充分利用现有沟、塘、窖，建设生态沟渠、污水净化塘、地表径流集蓄池等设施，以治理农村面源污染，净化农田排水及地表径流。发掘乡村民族水文化，保护乡村水文化遗址，提高公众爱水、惜水的意识。以流域为单元，统筹规划，开展乡村水生态文明建设试点。

5.4.2 区域布局

1. 东北地区

针对东北地区经济社会快速发展、水土资源过度开发引发的日益趋紧的水资源环境压力，进一步加强水源涵养、水土流失防治，提高节水水平和用水效率，加强河湖湿地修复和保护。

加强大小兴安岭、长白山森林生态功能区、辽东山地水源涵养区和饮用水水源地的保护。加强黑土区水土流失综合整治。开展以小流域为单元的综合治理，沟坡兼治，以坡耕地治理为重点，结合小型水利工程和水土保持工程，建设高标准农田，发展高效农业；大幅增加黑土地农田基本设施的投入，全面推行保护性耕作制度，采取综合措施防治土地退化，维护和提高土地生产能力。加强农业节水，提高水资源利用效率。在松嫩平原、三江平原大型灌区大力推广高效节水灌溉技术，提高农田地表水灌溉水利用系数；结合大中型灌区节水改造工程、新建灌区工程和小型农田水利工程建设，提高灌溉水的利用效率；因地制宜大力发展管道输水、喷灌、滴灌、微灌等高效节水灌溉设施和技术。加强河湖湿地修复和保护，严格限制耕地扩张；开展退耕还湿生态工程，恢复扩大湿地空间；改变粗放的生产经营方式，发展生态产业；实施流域湿地生态补水工程、河湖连通工程，推进三江平原、松辽平原等重点湿地修复和保护。

2. 华北地区

华北地区是我国水资源过度开发最严重区域，开发利用率已达到 83%，年均超采地下水约 100 亿 m³。针对华北地区人口密集、经济社会快速发展，同时受水资源水环境承载力的制约，区域水污染、水生态退化严重的突出矛盾，进一步加强水资源节约，优化水资源配置，实施水生态环境保护和修复。

大力推进节水型社会建设。严格控制高耗水产业发展，建立严格的产业节水准入制度，形成节水型产业体系；调整农业种植方式和规模，适当压缩水资源严重紧张地区的灌溉规模，加大大中型灌区节水改造力度；加快城市供水管网技术改造，全面推行节水型用水器具。增加水源调配能力，优化当地水源、南水北调水等水资源配置，同时加强中水、雨水、微咸水等非传统水源的应用，加大推广再生水利用力度，逐步增加河道内生态用水量。加强地下水超采区治理。合理确定分区地下水开采量控制方案，加快超采区替代水源、节水改造等工程建设，落实地下水超采区限采和压采。加大水污染综合防治力度。加强密云水库、于桥水库、黄壁庄水库、潘家口水库、大黑汀水库等饮用水水源地保护。加强重点河湖的生态保护与修复，推动京津冀地区"六河""五湖"综合治理，恢复河流健康生态。

3. 华中地区

针对华中地区湖泊湿地萎缩、河湖连通性阻隔、生物多样性降低、水污染和富营养化凸显等问题，重点加强水源涵养生态建设，实施河湖连通，严格控制和治理水污染，保护重要水源地，修复和扩大河湖水生态空间。

加强大别山区、三峡库区、丹江口库区等重要水源涵养区的保护，增强重点区域水源涵养和水资源保护的能力。以构建生态水网为主线，实施江湖连通工程，提高水环境承载能力。保持鄱阳湖、洞庭湖两大湖泊与长江的良好连通状况，逐步恢复和修复洪湖、巢湖等其他湖泊水体与长江的联系。开展武汉大东湖等地区的生态水网建设，恢复城市湖泊与长江的连通性。加大重点河湖的水污染治理。提高汉江、湘江、嘉陵江等支流的城镇污水处理率，加大巢湖、洞庭湖和鄱阳湖等重点湖泊的富营养化防治力度。加强南水北调中线供水水源地——丹江口水库等重要水源地的水质保护。加强鄱阳湖、洪湖、巢湖等重点湖泊及湿地的生态环境修复，严格河湖水域岸线用途管制。

4. 东南沿海地区

针对东南沿海地区经济最发达，但水污染、湖泊湿地萎缩、河湖连通性降低、水生态退化等生态环境问题较突出的矛盾，进一步加强水污染综合防治，推进河湖生态环境保护与修复。

调整产业结构，节水减污。实施最严格的水功能区限制纳污的红线管理，引导区域经济社会发展布局和发展方式的转变，促进清洁生产；继续强化点、面源污染治理，严格控制污染物入河总量。以截污控污、清淤疏浚为重点，加强长江三角洲、珠江三角洲等地区的水环境综合治理，减少河网内源污染积累，改善河网水生态环境。促进长江三角洲、珠江三角洲等地区的河湖水系连通和生态水网建设，实现多源互济的水资源调配格局。提高流域水资源调控能力，优化珠江流域水量调度，保证枯水期及枯水年河道内的生态环境流量、压咸流量。加强太湖、钱塘江、闽江等重要河湖的保护与修复。

5. 西南地区

针对西南地区岩溶广布、水土流失石漠化严重，水电开发对水生态系统影响，以及高原湖泊面临水污染、富营养化威胁的突出问题，加强水源涵养与水土保持，加大石漠化综合防治，加大对高原湖泊的综合治理修复，推进水能资源绿色开发。

加强金沙江、嘉陵江、岷江、沱江、涪江等江河源头的水源涵养与水土流失治理。推进雅鲁藏布江流域的保护和综合治理，维护生态系统的多样性。加强石漠化地区的综合防治。以桂黔滇喀斯特石漠化防治生态功能区为重点，加大对现有林草植被的保护，因地制宜实施生态移民。加大对滇池、草海等高原湖泊的综合治理修复，建设清洁小流域，综合控制面源污染，构建以高原湖泊为主体，林地、水面相连，带状环绕、块状相间的高原生态格局。坚持绿色开发水能资源。明确水电开发的红线禁区，对已建的水电工程项目实施生态调度。加强流域水资源的统一调度，将生态用水纳入水电工程调度的目标，保障流域枯水期的最小生态需水流量和敏感期生态需水流量。

6.西北地区

针对西北地区降水稀少，生态环境脆弱，江河补给源区生态退化严重，内陆河流域水资源开发利用程度高，生态用水严重挤占，尾闾湖泊消失，地下水位下降，植被退化和沙化严重，黄土高原区等地水土流失严重，以及局部地区水体污染严重等问题，加强重要水源涵养生态功能区的保护，优化产业结构与布局，大力节水增效，加强水土流失综合治理和水污染综合防治，修复和保护内陆河生态系统。

加强三江源、祁连山、甘南地区等重要水源涵养生态功能区的保护。对于关中—天水、天山北坡等重点开发区，走新型工业化的道路，优化产业结构与布局，减小对水资源环境的压力。对于河西内陆河、柴达木盆地，大力发展高效节水农业。在水资源开发严重超用的石羊河、黑河等地区，适度压缩灌溉规模。加大水土流失综合治理力度，推进黄土高原丘陵沟壑水土保持生态功能区等国家重点治理区治理。加强水污染防治，进一步加强渭河水环境综合整治，针对现状水质总体较好的青海湖，加大流域水土流失治理和沙化防治，提高植被覆盖率，着力扩大绿色生态空间。对塔河、黑河、石羊河等由于水资源过度开发对生态造成较大破坏的河流，加强流域综合整治，提升流域水资源承载力，增加河湖生态环境用水，恢复河湖健康。

第 6 章

推进水生态文明建设的
战略对策

明确水生态文明建设的战略对策是落实水生态文明建设战略目标的重要工作。本章从加强水生态空间管控、全面建立节水型社会、构建生态友好型水利基础设施网络、加强流域综合整治、实施地下水保护与综合治理、推进重大水生态文明制度建设、加强水资源水环境监测预警体系建设、实施水情教育行动八个方面展开，提出推进水生态文明建设的战略对策。

6.1 划定水生态保护红线，加强水生态空间管控

生态空间，一般指生态系统维护其结构稳定和功能健全所需占据的空间范围。作为国土空间的一种，生态空间指以提供生态产品和生态服务为主体功能的空间。与水有关的生态空间（以下简称"水生态空间"）是指水的形成、迁移、转化等水循环过程所需的场所和维持水循环和保障水安全的各类生态空间。加强水生态空间管控，对于维系流域、区域生态平衡、保障生态安全方

面具有的重要作用。

长期以来，受自然来水情况的变化和人类活动加剧的影响，水生态空间面积逐渐萎缩，而其中以人类活动导致的影响为主。据不完全统计，20 世纪 40 年代末以来，长江大通以上中下游地区有 1/3 以上的湖泊面积被围垦，因围垦而消亡的湖泊达 1000 余个，因围垦减少湖泊容积超过 500 亿 m³，相当于淮河多年平均年径流量的 1.1 倍。近 50 年来，我国西部青藏高原和蒙新高原两大湖区消失湖泊数量达 126 个，消失湖泊面积超过 7400km²。受人类防洪蓄水工程建设和湖泊围垦利用等因素影响，湖泊与江湖自然水力联系被大坝或涵闸阻断。针对日益严峻的水生态空间萎缩问题，必须通过建立水生态保护红线制度，加强水生态空间管控。

（1）要全面开展水生态空间基础情况调查。以全国主体功能区规划为依据，在生态功能分区等的基础上，开展全国水生态空间基础信息调查评价，摸清全国水生态空间本底状况；结合水功能区划、岸线功能区划等，统一研究合理界定各类水生态空间的功能定位，开展水生态空间用途划定；加快健全水生态空间顶层设计，鼓励各省率先推进水生态空间专项规划试点，研究制定水生态空间专项规划编制技术指南和技术规范。

（2）要明确需要保护的各类水生态空间。生态保护红线指：在空间上，为保证生态系统生存和生态服务提供等基本要求，需要保证的核心面积的边界线。为此可以认为水生态保护红线包括五类：河湖生态空间红线、洪水调蓄区红线、水源涵养区红线、水土流失预防保护区红线、饮用水水源地保护区红线。这五类红线围定的生态空间，对于维持水循环过程的稳定、水生态系统的健康和保障经济社会水安全，具有不可替代的作用。

（3）要根据生态功能属性和保护目标确定生态保护红线范围。在确定需要保护的各类水生态空间后，通过空间叠加分析等方法，取外包值确定总的水生态空间范围。针对不同生态空间的功能属性，结合相关等对于各类自然生态空间的保护目标要求，按照需要与可能相结合的原则，根据主导生态功能和生态系统服务功能的重要程度，明确水生态空间中需要保护的核心区域。核心区域以严格保持自然状态、严禁人类活动为主要目标。现阶段可以以核心保护区边界线为主划定水生态保护红线，部分地区也可根据管控的需要和可能，适当扩大红线范围。

（4）依据相关法律和事权责任划定生态保护红线。按照"统一准则、分类指导、分级划定"的原则，依法划定有关的生态保护红线。根据国家关于生态保护红线制度的总体安排，由水利部在组织开展有关试点工作的基础上，统一水生态保护红线定义、划定原则、划定流程、主要方法和管控制度等通用性的规范准则，制定水生态保护红线的顶层设计体系；省、市级人民政府和水行政主管部门，根据国家制定的准则和具体办法，划定本辖区内水生态保护红线，定桩划界并成图公布。

（5）建立完善水生态保护红线管控制度。通过建立严格的生态准则，制定有关的负面清单，明确水生态保护红线的控制性指标等措施，形成用于水生态保护红线管控的一整套制度体系。同时要把生态保护红线制度同干部离任审计和责任追求制度相结合，确保生态保护红线可监测、可度量、可控制、可考核。加强有关的法律法规建设，确保水生态保护红线有法可依。同时，对于目前已经生活在红线范围内的人口和产业，要研究制定有关政策措施，合理有序地退出。

6.2　实施水资源消耗总量和强度双控行动，全面建立节水型社会

水资源是保障一个国家经济社会可持续发展的基础性和战略性资源，自 20 世纪 50 年代以来，经过多年的努力，我国基本建成了初具规模的水资源配置体系，为经济社会发展和人民生活改善提供了重要的支撑和保障。我国以占世界 6% 的淡水资源、9% 的耕地，基本保障了约占世界 20% 人口的粮食安全、供水安全和经济安全。

特殊的国情水情，决定了我们必须走一条水资源节约集约利用的道路。随着产业结构调整、技术进步、用水管理和节水水平提高，我国用水效率明显提高。目前万元国内生产总值用水量、万元工业增加值用水量分别达到了 104m³ 和 58m³，农田灌溉水有效利用系数较 2000 年提高了 9 个百分点。近 30 年来，我们以年均 1% 的用水低增长支撑了年均近 10% 的经济高速增长。但要看到的是，我国的用水效率效益与国际先进水平相比仍有差距：万元国内生产总值用水量、万元工业增加值用水量与国际先进水平 70m³ 和 25～40m³ 相比仍明显偏高，低效率的水资源利用方式与并不优越的水资源禀赋条件不符，也与节水型社会和生态文明建设要求不相适应，必须通过落实最严格水资源管理制度，实施水资源消耗总量和强度双控行动，不断推进节水型社会建设步伐。

（1）强化节水约束性指标管理。严格落实水资源开发利用总量、用水效率和水功能区限制纳污总量"三条红线"，实施水资源消耗总量和强度双控行动，健全取水计量、水质监测和供用耗

排监控体系。加快制定重要江河流域水量分配方案，细化落实覆盖流域和省、市、县三级行政区域的取用水总量控制指标，严格控制流域和区域取用水总量。健全节水技术标准体系。将水资源开发、利用、节约和保护的主要指标纳入地方经济社会发展综合评价体系，县级以上地方人民政府对本行政区域水资源管理和保护工作负总责。加强最严格水资源管理制度考核工作，把节水作为约束性指标纳入政绩考核，在严重缺水的地区率先推行。

（2）强化水资源承载能力刚性约束。加强相关规划和项目建设布局水资源论证工作，国民经济和社会发展规划以及城市总体规划的编制、重大建设项目的布局，应当与当地水资源条件和防洪要求相适应。严格执行建设项目水资源论证和取水许可制度，对取用水总量已达到或超过控制指标的地区，暂停审批新增取水。强化用水定额管理，完善重点行业、区域用水定额标准。严格水功能区监督管理，从严核定水域纳污容量，严格控制入河湖排污总量，对排污量超出水功能区限排总量的地区，限制审批新增取水和入河湖排污口。强化水资源统一调度。

（3）推进重点领域节水。加大农业节水力度，建立与水资源条件相适应的农业发展方式；积极推广喷灌、微灌、低压管道输水灌溉等高效节水技术，推进高效节水灌溉区域化、规模化、集约化发展。深入开展工业节水，加强用水定额管理，限制高用水、高排放、低效率、产能过剩项目盲目发展；大力推广工业水循环利用、高效冷却、热力系统节水、洗涤节水等通用节水工艺和技术，创建节水型企业。加强服务业和城镇生活节水，加快城镇公共供水管网改造，强化用水计量，降低供水管网漏损率。

（4）强化水资源安全风险监测预警。健全水资源安全风险评估机制，围绕经济安全、资源安全、生态安全，从水旱灾害、水供求态势、河湖生态需水、地下水开采、水功能区水质状况等方面，科学地评估全国及区域水资源安全风险，加强水资源风险防控。以省、市、县三级行政区为单元，开展水资源承载能力评价，建立水资源安全风险识别和预警机制。抓紧建成国家水资源管理系统，健全水资源监控体系，完善水资源监测、用水计量与统计等管理制度和相关技术标准体系，加强省界等重要控制断面、水功能区和地下水的水质水量监测能力建设。

6.3　推进绿色水利工程建设，构建生态友好型水利基础设施网络

水利基础设施是保障经济社会发展、群众生产生活、生态环境改善的重要基础。新中国成立以来，特别是改革开放以来，党和国家高度重视水利工作，开展了大规模的水利建设，截至目前，全国建成水库约 9.8 万座、规模以上引（进）水闸 1.1 万座、规模以上具有供水功能的泵站约 6 万处、规模以上地下水取水井 445 万眼，建成一批重大引调水工程，初步形成了水资源调配与供水保障基础设施体系，正常年份可形成 6000 亿 m³ 的供水量。堤防建设近 30 万 km，是新中国成立之初的 7 倍，重要城市防洪标准达到 100～200 年一遇。城乡供水能力大幅提高，共建有农村供水工程 6000 余万处，受益人口约 8 亿人。这些水利基础设施为民生改善、经济发展、社会稳定作出了巨大贡献。

但也要看到，由于受观念意识、技术水平等的制约，这些水利基础设施在保障水安全、改善生态环境等方面仍有差距。目前我国人均库容不足 700m³，远低于俄罗斯的 5660m³ 和美国的 4400m³，对水资源调控能力依然有限。同时，工程设计和建设对

于生态影响考虑有限，影响了一些河流的连通性和生物多样性。当前，在推进生态文明建设的大背景下，要充分考虑工程建设带来的累积性影响，在提升水利基础设施对经济社会发展的保障能力基础上，不断推进水利工程的绿色化进程，构建生态友好型水利基础设施网络。

（1）完善水利工程科技创新体系。围绕保障国家水安全，实施一批水利重大科技项目，重点在水资源节约利用、水生态保护与修复、重大水工程、水灾害防治与风险管理、应对气候变化等方面，深入开展有关工程建设的科学研究，加强综合节水与非常规水资源利用、水循环信息精准监测与预报技术、水资源系统多目标智能化调度、水旱灾害防治与风险管理、复杂条件下大型水工程建设与安全运行、河湖综合整治与水沙调控等关键技术的攻关。加强先进实用技术示范和应用，推进水工产品和装备科技创新。积极组建水利国家实验室和工程技术研究中心。

（2）推进规范标准的生态化改造。在对现有水利工程相关规范标准梳理的基础上，推进传统规范标准的生态化改造，加快水生态保护与治理等有关规范标准的制定。按照生态文明建设的要求，系统分析传统水利工程设计施工规范标准的不足之处，重点梳理工程建设对于水文、生物、环境等的影响方式和程度，研究提出可能的规避和减免影响的措施途径，依此推进有关规范标准的修订。针对水生态保护、治理、修复等生态文明建设对水利行业提出的新要求，加快推进有关规范标准的制定，尽快形成系统完善的绿色水利规范标准体系。

（3）推进绿色水利工程建设。充分借鉴国外先进的工程技术，结合我国特点和需求，采用生态工程技术推进现有水利工程建设。推进水库闸坝的绿色化，在充分考虑河流水文-生态过程的基础上，加强水库闸坝的生态调度，尤其注意闸坝对于水生生物栖息地和洄游等的影响，制定相应的措施。推进生态化堤防护岸建设，在保障防洪安全、满足防洪标准的基础上，结合地区特点，因地制宜地推进生态护岸建设，提升河流横向连通性。推进农田灌溉工程绿色化，结合测土配方、节水灌溉等技术，减少农田灌溉化肥农药施用量，降低农业面源对于河湖生态的影响。

（4）提升水利工程的综合效益。充分发挥水利工程在供水、防洪、生态、文化等方面的综合效益。深入细致地摸清古渠、古堰等古老水利工程、水利文物等传统水文化遗产的内容、种类和分布等情况，利用传统水利工程来宣传介绍中华民族自古以来的节水爱水惜水护水的用水理念。挖掘现有工程的综合效益，通过挖潜增效、提质升级等措施，发挥传统的供水、防洪等工程在生态、景观、文化等方面的综合作用。

6.4　加强流域综合整治，推进水陆统筹的生态流域建设

流域是陆域水循环的空间载体，是水问题的集中反映区域。长期以来一些流域不合理的开发利用导致了流域水问题突出。海河、黄河、辽河流域水资源开发利用率分别高达 106％、82％和76％。部分区域水生态系统受损严重，京津冀地区永定河、大清河等主要河道发生断流，区域水生态系统严重损害，水生态功能损失殆尽。西北内陆河等生态脆弱河湖下游尾闾面临生态消亡、植被退化。部分流域水污染问题突出，有些地区甚至出现了"红豆水""牛奶河"情况。水短缺、水污染、水灾害、水生态退化等问题呈现出相互交织的态势，从点向面，从水向陆，从局部向流域发展。

针对日益复杂严峻的流域水问题，在生态文明建设的理念要求下，必须要统筹兼顾、综合施治。树立山水林田湖是一个生命共同体的思想，坚持以流域为单元，以水为核心，针对水资源、水灾害、水环境、水生态等方面存在的突出问题，把水资源、水环境、水生态承载能力作为流域发展的刚性约束，把保障流域水安全作为根本目标，通过山水林田湖的综合治理，努力实现一江清水永续利用，促进流域生态文明建设与经济社会可持续发展。

（1）推进江河流域综合整治。以防洪、水污染、水生态问题较为突出的河湖为重点，统筹考虑水灾害、水生态、水环境等问题，加快推进江河流域综合整治。因地制宜地实施河道治理、清淤疏浚，打通阻隔、生态修复，打造河湖绿色生态廊道，保护恢复河湖生态系统及功能，努力打造安全型、生态型河流水系。综合运用节水减排、截污治污、河湖清淤、水系连通、生态调度、自然修复等措施，加快推进水污染严重河湖综合治理，改善水质状况。

（2）全面强化陆域治理与保护。推进水土流失治理，加强重要江河源头区、重要水源地和水蚀风蚀交错区等重点区域水土流失防护和治理。在水土流失严重区域开展以小流域为单元的山水田林路综合治理，实施清洁小流域建设，加强坡耕地、侵蚀沟及崩岗综合整治。推进海绵城市建设，通过城市规划引领，推广海绵型公园和绿地，推进海绵型建筑和相关基础设施建设，完善地下综合管廊及排水管网、泵站等设施。

（3）推进江河流域水系连通。坚持恢复自然连通与人工连通相结合，以自然河湖水系、调蓄工程和引排工程为依托，以水资源紧缺、水生态脆弱和水环境恶化地区为重点，构建布局合理、生态良好，引排得当、循环通畅，蓄泄兼筹、丰枯调剂，多源互补、调控自如的河湖水系连通体系。实施农村河道堰塘整治和水系连通，通过清淤疏浚、岸坡整治、河渠连通等措施，建设生态河塘，改善农村生活环境和河流生态，建设美丽宜居乡村。

（4）完善流域管理体制机制。进一步明晰流域与区域、中央和地方水利事权划分，推动政府主导与社会参与的水治理体制改革。建立各方参与、民主协商、共同决策、分工负责的流域议事协调机制和高效执行机制，协调好流域水资源开发利用与保护、防洪安全保障与水能资源、航道岸线等开发利用的关系。推进城乡水务一体化管理，统筹城乡水利基础设施建设，推进水利基本公共服务均等化。

6.5 实施地下水保护与综合治理，全面提升地下水战略储备能力

地下水资源是淡水资源的重要组成部分，其由于水质好、分布广泛、便于就地开采利用等优点，对经济社会发展具有不可替代的支撑作用。同时，地下水还是生态环境的重要组成要素，与岩石圈、大气圈、水圈、生物圈有着千丝万缕的联系，有良好的调蓄功能，可以平衡丰枯年水资源的利用，具有很高的生态价值和经济价值。

由于长期不合理的开发利用，我国地下水超采严重，全国有21个省区存在地下水超采问题，全国超采区面积约为 30 万 km^2；华北平原地区长期超采地下水，形成了 12 万 km^2 的漏斗区；目前全国平均每年超采地下水 170 亿 m^3，累计超采量已达 2300 亿 m^3，相当于全国平原区地下水年可开采量的 2 倍。地下水超采引发了地面沉降、地面塌陷及地裂缝、海（咸）水入侵、土地荒漠

化、泉水衰减等一系列严重的生态环境问题，也造成地下水的战略、应急储备功能严重受损或丧失。另外，废污水排放、固体废弃物堆放以及农药和化肥使用，造成地下水污染问题加剧，威胁城乡居民饮水安全。新时期在新老水问题交织的复杂形势下，围绕系统提升水资源承载能力、全面保障国家水安全的战略需求，迫切需要加快地下水的保护与综合治理。

（1）严格地下水开采总量和水位双控制。抓紧建立覆盖省、市、县三级行政区域的地下水开采总量控制指标体系，开展水位划定工作，逐步建立水位控制制度。对开采总量已达到或超过总量控制指标的地区，暂停审批建设项目新增取水；对开采总量接近总量控制指标的地区，限制审批建设项目新增取水。严格控制开采深层承压地下水，深层承压地下水原则上只作为应急和战略储备水源。加强水源置换，合理配置地表水、地下水，逐步实现地下水采补平衡。实施地下水回灌补源工程，提高地下水战略储备能力。

（2）深入推进地下水超采区治理与修复。划定地下水超采区，核定并公布地下水禁采和限采范围。华北地区依托引江引黄等工程，结合调整种植结构及退减灌溉面积等休养生息措施，逐步削减地下水开采量；东北地区实施高效节水改造，结合部分工程措施，压减部分城市的地下水超采；西北地区通过退减灌溉面积、发展高效节水灌溉等措施，压减北疆、东疆、河西以及关中平原等地区的地下水超采。东南沿海地区结合地表水源的开发利用，压减长三角、珠三角等地区的深层承压水开采。

（3）实施地下水水质保护与修复。开展全国地下水污染情况调查评价，划定地下水污染防治重点区域，严格区域内废污水排放、垃圾填埋场、加油站、矿坑排水、农药化肥使用等管理。针对地下水饮用水水源实施安全防护、污染源清理、水质监测监控措施，保障地下水饮用水水源地的供水安全。针对垃圾填埋、矿山开采、石油化工行业生产等地下水污染重点区域，借鉴国外地下水污染修复技术，采用原位修复、异位修复等措施，开展地下水污染修复试点。

6.6　推进重大水生态文明制度建设，创新水资源环境管理体制机制

近年来，虽然在简政放权、投融资体制、水权水价、监管体制等领域的改革取得新的进展，但总体上看，统一高效协调的水治理体系尚不完善，水资源要素对转变经济发展方式的倒逼机制尚未形成，初始水权尚未分配到位，水权、水价等市场机制在资源配置节约保护中的作用没有充分发挥，政府市场两手发力的水治理体制机制还不够健全，与国家治理体系现代化的要求还有很大差距。加快重大水生态文明制度建设，是落实《生态文明体制改革总体方案》（中发〔2015〕25 号）战略部署的必然要求，是发挥市场配置资源决定性作用和更好地发挥政府作用的基础和前提，是推进水生态文明建设的关键支撑，对转变发展方式、倒逼产业结构调整、节约利用资源、保护水生态空间具有至关重要的作用，对完善现代水治理体系具有重要意义。

（1）建立健全水流产权制度。在水流产权试点基础上，进一步加快推进江河水量分配，根据水资源用途管制、总量控制指标和节约用水要求，在取水许可基础上，积极推进水资源使用权确权登记，将水资源使用、收益的权利落实到取用水户，建立和完善水权配置体系。明确水域、岸线等水生态空间的边界及功能区

划，依法划定管理范围；明确水生态空间的所有权，划定不同层级政府分级行使的所有权边界；进一步明确水域、岸线等水生态空间的使用权。研究制定水权交易管理办法，探索多种形式的水权流转方式，积极培育水市场，逐步建立国家、流域、区域层面的水权交易平台，加强水权交易监管。

（2）完善水资源有偿使用制度与水流生态保护补偿制度。全面推进水资源费改革，推进水资源费改税。着力推进农业水价综合改革，合理核定农业用水价格，建立农业用水精准补贴制度和节水激励机制。落实城镇居民用水阶梯价格，非居民用水超计划、超定额累进加价制度，缺水城市实行高额累进加价，适当拉开特殊用水行业与其他行业的差价。推进供水工程管理单位向大用户直接供水，探索直供水实施政府指导价或协商定价。合理制定再生水价格，制定鼓励再生水利用的政策，提高水资源循环利用水平。研究出台《全国水流生态保护补偿机制建设工作方案》。通过财政转移支付、项目投入、设立生态补偿基金以及推动区域内横向补偿等方式，加快建立江河源头区、集中式饮用水水源地、重要河流敏感河段和水生态修复治理区、水产种质资源保护区、水土流失重点预防区和重点治理区、大江大河重要蓄滞洪区以及具有重要饮用水水源或重要生态功能的湖泊等的水流生态保护补偿机制。建立建设项目占用水域补偿制度，研究制定超计划超定额用水和挤占生态用水的相关补偿政策。

（3）探索建立水生态文明绩效考核和责任追究制度。加快水资源资产负债表编制试点，制定水资源资产负债表编制指南，建立实物量核算账户，定期评估水资源资产变化状况。积极探索领导干部水资源资产离任审计的目标、内容、方法和评价指标体系，建立领导干部水资源资产离任审计制度。在内蒙古呼伦贝尔市、浙江湖州市、湖南娄底市、贵州赤水市、陕西延安市优先开展水资源资产负债表编制试点和领导干部水资源资产离任审计试点。在此基础上，严格责任追究，推行水资源、水生态环境损害责任终身追究制。

6.7　加强水资源水环境监测预警体系建设，着力推进水治理能力现代化

信息化是国家治理体系和治理能力现代化的重要引领和关键支撑。水利信息化是水资源管理、水环境保护、水土保持、防洪减灾等发展的重要手段和技术支撑，是提高水利工程建设与运行管理效能、水利管理工作效率和决策水平的重要途径，是实现水利现代化的必然选择。水资源环境监测预警系统是水利信息化的关键组成要素和重要的基础支撑。

当前，我国水资源水环境管理的基础设施薄弱，监控手段缺乏，管理调度方式落后，制约水治理能力的现代化发展。由于取用水户未实现实时监控，用水效率难以管控；水功能区和入河排污口监测能力不足，难以监管入河排污总量和入河污染物总量，较难实现水功能区监督管理，制约水功能区水质达标率的考核与管理；行政边界断面水量水质在线监测设施缺乏，无法监管区域用水总量，也难以落实区域节能减排责任；河湖水域岸线等生态空间监控能力不足，严重影响水生态保护与修复工作。强化水资源水环境监测预警体系建设，建设布局合理、功能齐全、高度共享、智能高效的水资源环境综合监测预警体系，对于全面提升水生态文明能力，推进水资源、水生态环境风险管理，落实新时期国家大数据战略等具有重要意义。

（1）强化水资源环境基础信息监控。统筹考虑水资源管理、水生态保护、水环境治理、突发性应急水事件处理等多层次发展需求，进一步优化水情雨情、水利工程、水旱灾害等基础信息监测站网，继续完善江河湖泊水环境质量、饮用水水源地、水土流失、水生生物多样性等水生态环境基础信息监测站网。加快工业用水户、灌区等取用水在线监测体系建设。充分应用物联网、雷达遥测、视频监控等新技术手段，加快信息实时监测与自动采集，构建天地空一体化基础信息采集系统。

（2）加快推进水生态空间管控体系建设。以推动河湖智能管理与调度为抓手，在现有生态监测站网基础上，加快优化完善河湖水域岸线、水源涵养区、水土流失预防保护区、饮用水水源地保护区、洪水调蓄区等五大类水生态空间的监测站网体系。建立国家水生态空间监控平台，充分运用大数据、云处理、物联网等信息化手段，加强对监测数据的集成分析与综合应用，实现基础信息管理、运行管理、巡查、监管、考核、公众参与等功能的一体化。

（3）建立水资源承载能力监测预警体系。在试点基础上，科学核算全国县域水资源承载能力，研究制定水资源承载能力预警控制线和响应线。在水资源环境监控体系基础上，建立水资源承载能力动态数据库和计量、仿真分析以及预警系统。定期开展承载能力监控与评估，根据评估结果合理确定产业规模，科学引导产业结构和产业布局调整。建立水资源承载力公示制度。强化水资源承载能力预警应对与执法监管。

6.8　实施水情教育行动，培育绿色和谐水文化

自古以来，生态伦理思想就是中国传统文化的主要内涵之

一，儒家、道家等各家学派也将生态哲学、生态文明理念蕴含其中，中华文明的生态智慧是生态文明的重要组成部分。建设生态文明，必须大力倡导先进的生态文化观，营造良好的生态文化氛围。发达国家和地区在保护水生态、管理水资源方面，非常重视运用形式多样的宣传教育来提高公众的参与程度，依靠全社会的力量共同实现对水生态保护与水资源管理的目标。

与发达国家比较系统、相对成熟的水情教育相比，我国对水情教育的重要性和必要性认识不到位，水情教育的软硬件设施严重不足，特别是近年来受一些因素影响，出现水生态环境保护的观念意识逐渐淡漠、敬水爱水护水的传统意识理念淡化的问题，反映本身特色的水元素丢失，悠久的水文化遗迹渐遭破坏，工程建设占据大量的人与自然的交流空间，和谐的亲水环境日益减少，中华水文化传承危机日益增大。水情教育是国情教育的重要组成部分，立足我国基本国情水情，面向公众开展水情教育，增强全民水安全、水忧患、水道德意识，凝聚社会共识，促进形成人水和谐的社会秩序，形成治水兴水合力，是推进水生态文明建设的必然要求。

（1）将水情教育纳入国民教育体系和干部教育培训体系。加强对学校水情教育工作的指导，推动水情教育纳入中小学课程体系，指导学校将水情教育纳入"校本课程"；鼓励学校遴选相关课程教师参与水情培训，提升师资水平；鼓励学校组织学生通过参观水情教育基地、水利工程设施，考察河流湖泊等方式，参与实践活动。组织水情教育进机关活动，推动将水情教育纳入各级各地党校和干部培训课程，通过多种渠道和方式，使领导干部、公务员和专业技术人员准确把握中央治水方针和相关政策，把水资源节约保护和水安全意识贯穿到具体工作中。

（2）推动绿色和谐水生态文明主流价值观培育。积极培育水生态文化、水生态道德和水生态行为，开展水生态文化创新，把生态文明纳入社会主义核心价值体系，弘扬生态文明主流价值观，形成人人、事事、时时崇尚生态文明的社会新风尚。倡导节水、洁水的消费观，推动全民在衣、食、住、行、游等方面加快向勤俭节约、绿色低碳、文明健康的方式转变，培育绿色生活方式，不断提高全民水生态文明素养。

（3）鼓励公众积极参与水生态文明建设。建立健全水生态环境信息公开制度体系，建立水生态环境信息的发布平台，保障公众对水生态文明建设信息的知情权。健全举报、听证、舆论和公众监督等制度。建立符合水生态文明要求的水资源保护公益诉讼制度，建立水资源损害评估机制和原告胜诉奖励机制。建立健全水生态环境信访维权机制，建立生态保护义务监督员和生态环境公益组织参与现场执法行动的机制，建立快速受理处置水环境污染、水生态破坏投诉的机制，引导水生态文明建设各类社会组织健康有序发展。

第 7 章

流域水生态文明建设的
重点任务

统筹考虑我国自然地理、生态环境、经济社会发展空间格局和水利发展总体布局，以七大流域为对象，立足不同流域水生态文明建设的突出薄弱环节，针对不同流域典型的人水矛盾，以实现人水和谐为核心，按照构建水生态文明的总体部署和战略对策，提出我国不同流域水生态文明建设的重点任务。

7.1　长江流域

长江流域地域辽阔，覆盖了国家主体功能区中优化开发区、重点开发区、限制开发区和禁止开发区的全部类型，自然条件优越，是全国人口最集中的地区之一，也是经济最发达的地区之一和农业最发达的地区之一。人类活动对流域内自然生态系统影响强烈，特别是近几十年，水电开发等造成水量减少、水环境质量恶化、局部水土流失加剧、重要湖泊湿地萎缩、河湖连通性受阻、水生生物多样性减少、水生态系统受损等问题。有关长江流域的更多介绍，参见专栏 7.1。

参见专栏 7.1。

专栏 7.1

长 江 流 域 概 况

长江发源于青藏高原的唐古拉山主峰格拉丹冬雪山西南侧，干流全长超过 6300km，自西而东流经青海、四川、西藏、云南、重庆、湖北、湖南、江西、安徽、江苏、上海等 11 个省（自治区、直辖市）注入东海。支流展延至贵州、甘肃、陕西、河南、浙江、广西、广东、福建等 8 个省（自治区）。流域面积约 180 万 km²，约占我国国土面积的 18.8%。

长江流域横跨我国东中西部三大地带，幅员辽阔，人口众多，气候温和，土地肥沃，资源丰富，发展潜力巨大，是我国最富活力和国际竞争力的地区之一。长江流域充分发挥其资源禀赋和区位优势，经过几十年的发展，干流沿江地区已成为与沿海地区并驾齐驱的国家生产力核心组成部分，在我国国民经济和社会发展中具有极其重要的战略地位。

长江流域水资源总量丰富，但流域内水资源年际变化较大，年内分配不均，水旱灾害频繁。在党中央和国务院的领导下，长江流域以长江流域综合利用规划为指导，经过几十年的治理开发与保护，防洪能力得到了显著提高，水资源利用和保护取得了较大成绩，水能开发、水运交通等得到了长足发展，流域综合管理明显加强。

然而，随着流域经济社会发展，废污水排放量逐年增加，加之面源污染仍未得到有效控制，导致长江干流局部水域、部分支流河段和湖泊污染严重，特别是城市江段存在明显的岸边污染带，部分支流出现水华，部分湖泊富营养化严重。由于不合理的开发和其他人类活动，水域面积缩小，湿地退化，生境条件改变，生物资源衰退，功能降低。围垦与引水式电站开发造成的河段脱流导致江河湖泊等水生生境面积萎缩；部分工程建设导致江湖连通性下降；水生生物资源的不合理利用与生境变化还导致水生生物多样性下降、资源量降低。

针对长江流域的突出水生态问题，围绕"把修复长江生态环境摆在压倒性位置"的主线，以保护母亲河，逐步恢复河湖水生态功能，维护河湖水生态健康为重点，上游地区积极实施天然林保护、退耕还林、自然保护区等项目建设，加强水土保持和水源涵养。加快推进水生态红线制度建设，加强大别山区、三峡库区、丹江口库区等重要水源涵养区的保护，加强农村面源污染治理，增强重点区域水源涵养和水资源保护能力。统筹防洪、供水、灌溉、发电、航运、生态等调度需求，针对江湖关系的变化，实施长江三峡及上中游干支流控制性水库群生态调度，恢复河道生态流量及水文水动力条件。以流域中下游重要蓄滞洪区建设为重点，加强洞庭湖、鄱阳湖、巢湖等湖泊水生态保护与整治。加强沿江沿湖城镇污水处理和排污控制。

7.2　黄河流域

黄河流域是中华民族最主要的发源地，其复杂的自然条件和悠久的水土资源开发历史决定了流域水资源开发利用程度高、水资源承载能力差、环境压力大、生态脆弱等问题。特别是近年来受气候变化和人类活动等多重因素影响，源头区荒漠化、河道径流衰减甚至断流、水土流失严重、生态环境退化等问题未得到有效控制。有关黄河流域的更多介绍，参见专栏7.2。

黄 河 流 域 概 况

黄河是我国的第二大河，干流河道全长5464km，发源于青藏高原巴颜喀拉山北麓海拔4500m的约古宗列盆地，流经青海、四川、甘肃、宁夏、内蒙古、山西、陕西、河南、山东等9省（自治区），在山东省垦利县注入渤海。

黄河流域属大陆性气候，各地气候条件差异明显，东南部基本属半湿润气候，中部属半干旱气候，西北部为干旱气候。流域内水资源贫乏，流域面积占全国国土面积的8.3％，而年径流量只占全国的2％；且径流年内、年际变化大，地区分布不均，干流及主要支流汛期7—10月径流量占全年的60％以上，支流的汛期径流主要以洪水形式形成，非汛期11月至次年6月来水不足40％。

黄河是我国西北、华北地区重要的水源，流域内土地、矿产资源特别是能源资源丰富，在我国经济社会发展战略格局中具有十分重要的地位。黄河又是一条自然条件复杂、河情极其特殊的河流，"水少、沙多，水沙关系不协调"，上中游地区的干旱风沙、水土流失灾害和下游河道的泥沙淤积、洪水威胁，严重制约着流域及相关地区经济社会的可持续发展。黄河流域也是我国生态脆弱区分布面积最大、脆弱生态类型最多、生态脆弱性表现最明显的流域之一。

黄河流域属于资源性缺水地区，现状缺水很严重，生产用水严重挤占河道内的生态环境用水，严重威胁河流健康。随着经济社会发展，水资源供需矛盾将更加突出，水资源短缺将严重制约经济社会的持续发展。同时，流域水污染问题突出，治理水平较低。目前流域粗放型的经济增长模式，造成资源消耗大、污染物排放强度高，污染问题突出。城市污水处理率远低于全国平均水平，污染治理欠账严重。随着流域经济社会用水需求不断增长，水环境压力将越来越大。因此，做好黄河治理开发保护与管理工作，对促进我国经济社会可持续发展与生态环境保护都具有重要的战略意义。

针对黄河流域的突出水生态环境问题，立足黄河流域独特的河流情势和生态环境特点，以增强流域水源涵养功能、提升流域水资源水生态承载能力为核心，开源与节流并举，落实最严格水资源管理制度，大力推进节水型社会建设，控制用水强度，加快推进水权制度建设，加强流域水资源统一配置和调度，合理配置并保障上中下游生态环境用水量，提升水资源承载能力。强化水土保持生态建设，开展植被建设、淤地坝建设、坡改梯、水窖和农田旱作节水设施建设等，特别是加快黄河粗泥沙集中来源区水土流失治理，控制水土流失，减少入黄泥沙。深入研究大中型水利工程建设带来的水沙关系新变化，进一步完善水沙调控体系，着力解决水沙调控能力不足、水资源供需矛盾突出、水生态恶化等问题。

7.3　淮河流域

淮河流域横贯中原腹地，地处南北气候过渡带，水系密布，天然环境良好。流域内平原广阔，土地肥沃，人口密度居全国各大江大河流域人口密度之首。但与此同时，淮河存在着水资源短缺、水体污染严重、生态用水难以保障、闸坝建设对生境的破坏、水域岸线被挤占、生态环境恶化等引发的河湖健康问题，制约着淮河流域的可持续发展。有关淮河流域的更多介绍，参见专栏 7.3。

专栏 7.3

淮 河 流 域 概 况

淮河流域地处我国东部，西起桐柏山、伏牛山，东临黄海，南以大别山、江淮丘陵、通扬运河及如泰运河南堤与长江流域分界，北以黄河南堤和沂蒙山脉与黄河流域毗邻。流域跨鄂、豫、皖、苏、鲁 5 省 40 个市，160 个县（市），流域面积为 27 万 km^2，人口 1.70 亿人。淮河流域以废黄河为界，可分淮河和沂沭泗河两大水系。

淮河流域地处我国南北方气候过渡带。淮河以北属暖温带半湿润季风气候区，淮河以南属亚热带湿润季风气候区，流域内自北往南形成了暖温带向亚热带过渡的气候类型，冷暖气团活动频繁，降水量变化大。流域平原广阔，土地肥沃，物产丰富，人口密集，是我国经济发达、文化繁荣较早的地区之一，也是中华民族灿烂文化的发祥地之一，在我国数千年文明发展史上，始终占有极其重要的位置。同时，淮河流域水资源的时空分布不均、变化剧烈。由于流域内人口稠密，导致土地开发利用程度高，水资源严重短缺，平均人口密度是全国的 4 倍多，人均水资源占有量只有全国平均水平的 1/4。且水资源分布与流域人口和耕地分布、矿产和能源开发等生产力布局不匹配，经济社会发展与水环境承载能力不协调，与资源环境保护的矛盾突出。加之历史上受黄河长期夺淮的影响，洪涝旱灾害严重，自古以来水旱灾害发生频率高、持续时间长、受灾范围大，灾情惨重，防洪除涝与水资源利用等方面的关系十分复杂。

淮河流域经过多年治理，河湖水质总体上呈好转趋势，但水污染形势依然严峻，部分河流的水质尚未达到功能区水质管理目标要求，主要污染物入河量仍超过水功能区纳污能力。水污染使部分水体功能下降甚至丧失，进一步加剧了淮河流域水资源短缺矛盾，河湖生态用水难以保障。淮河流域河湖径流季节性变化大，水资源开发利用程度高，河道内生态用水常被挤占，出现有水无流或河湖干涸萎缩的现象，流域内中小河流水生态系统破坏严重。

淮河流域水生态文明建设应着力解决流域水资源短缺与水污染并存问题。重点开展淮河干流、南水北调东线输水干线及城镇供水水源地水资源保护和水污染防治。强化水质较好的淮河、沂河上游山丘区以及淮河南岸丘陵区，水源涵养与保护。加强淮北平原区河湖水质改善、生态用水保障和地下水的保护。通过合理配置流域水资源、建设生态用水保护工程及调整现有水利工程的调度方式，逐步改善河湖生态与环境用水状况。对于生态敏感期和敏感水域，要充分利用水库和水闸对水资源的调节能力提高枯季河湖生态流量和水位，保障河湖、湿地基本生态用水需求。综合运用调水引流、截污治污、河湖清淤、生物控制等措施，强化水生态保护和修复，实施退田还湖、退渔还湖，促进河湖休养生息，大力开展对受损水生态系统治理和修复，恢复和提升河湖生态功能。

7.4　海河流域

海河流域自 20 世纪 60 年代进入干旱期，降水减少，资源性缺水问题极为严重，是七大江河中水资源量最少的流域。长期以来，经济社会快速发展对水资源的需求已经远远超出水资源承载能力，经济社会用水挤占生态用水问题突出。流域内水资源的过度开发导致河道断流、湖泊湿地萎缩、水污染、地下水超采、水生态退化等问题严重。有关海河流域的更多介绍，参见专栏 7.4。

专栏 7.4

海 河 流 域 概 况

海河流域西以山西高原与黄河流域接界，北以蒙古高原与内陆河流域接界，南临黄河，东临渤海。地势总体而言西北高、东南低，流域的西部、北部为山地和高原，东部和东南部为广阔平原。流域地跨北京、天津、河北、山西、河南、山东、内蒙古和辽宁等 8 个省（自治区、直辖市）。

海河流域地处温带半湿润、半干旱大陆性季风气候区，降水量在我国各大流域中属较少的地区，降水量年内分配非常集中，汛期（6—9 月）降水量占全年的 75%～85%，全年降水量常取决于一场或几场暴雨。暴雨主要发生在 7、8 两月，尤其是 7 月下旬至 8 月上旬为最多。同时，降水量呈现出年际变化大、暴雨强度大、空间分布受地形影响明显的特点。

受自然条件限制和人类活动影响，海河流域资源性缺水严重，水资源总量不足全国 1.3%，却承担着全国 10% 以上的人口、粮食生产和 GDP 用水。流域人均水资源量仅为全国平均的八分之一，是全国水资源最紧缺的地区之一。用水需求已超过水资源承载能力，流域现状水资源开发利用率超过 100%，部分地区城乡和灌溉供水不足、地下水超采和地表水过度利用等问题十分突出。

强烈的人类活动影响和气候变化导致了海河流域水生态环境不断恶化。据调查，海河流域山区 15 条主要河流 1980—2005 年平均实测水量比 20 世纪 70 年代平均减少约一半，平原 24 条主要河流约有一半河长干涸，平原 13 个主要湿地水面比 20 世纪 50 年代减少 70% 以上。与 20 世纪 50 年代相比，海河流域近年入海水量锐减 80% 以上，主要河口常年处于淤积状态。水资源的严重短缺，大大降低了河流自净能力，造成入河污染物负荷大大超过河流水体纳污能力。另外，海河流域地下水超采严重，出现众多地下水漏斗区，引发了地面沉降、海水入侵等环境地质问题。

针对海河流域严峻的水生态环境现状，以京津冀一体化发展战略为契机，坚持节水优先，以落实最严格水资源管理制度、开展节水型社会建设为突破口，积极引导产业结构优化调整。加快南水北调东中线、河湖渠系连通、引黄工程等水资源配置工程建设，大力推进海水淡化等非常规水源利用，提高水资源承载能力。按照保护与修复相结合的方针，建立山区以水土保持和水源涵养为主体，平原以河流湿地和地下水修复为核心，滨海以维护河口生态为重点的生态修复格局。加强密云—怀柔、潘家口—大黑汀、岳城、岗南水库等地表水水源地和地下水水源地保护和水土流失防治。通过调整种植结构、置换水源、退减灌溉面积、回灌补源等多措并举，开展地下水超采区综合治理，逐步实现地下水的采补平衡。以"六河五湖"综合治理与生态修复为抓手，构建生态绿色廊道。

7.5 珠江流域

珠江流域水资源较为丰沛，生态环境总体良好，但上游地区水土流失问题突出，特别是岩溶地区石漠化严重，影响流域水源涵养；云南境内高原湖泊由于围湖造田等出现面积萎缩。珠江三角洲等部分地区水污染较为严重，水质性缺水问题加剧，跨省（自治区）水污染频繁发生，河口咸潮、赤潮频繁发生，流域水生态环境潜在风险较大。有关珠江流域的更多介绍，参见专栏7.5。

专栏 7.5

珠 江 流 域 概 况

珠江是我国七大江河之一，水量充沛，水资源总量在七大江河中仅次于长江。珠江由西江、北江、东江及珠江三角洲诸河组成，西江、北江、东江汇入珠江三角洲后，经虎门、蕉门、洪奇门、横门、磨刀门、鸡啼门、虎跳门和崖门八大口门入注南海，形成"三江汇流，八口出海"的水系特点。流域涉及云南、贵州、广西、广东、湖南、江西6省（自治区）和香港、澳门特别行政区以及越南东北部。流域经济发展很不平衡，上游云南、贵州及广西等省（自治区）属我国西部地区，自然条件较差，经济发展缓慢，下游珠江三角洲地区毗邻港澳，区位条件优越，是我国最早实施改革开放的地区，全国重要的经济中心之一。

　　珠江流域属于湿热多雨的热带、亚热带气候区，降水量由东向西递减，且年内分配不均匀，4—9 月降水量占全年降水量的 70%～85%。珠江流域暴雨强度大、次数多、历时长，主要出现在 4—10 月，流域洪水由暴雨形成，洪水出现的时间与暴雨一致。

　　珠江河口地区受潮汐作用明显，且由于用水量的大幅度提高，枯水期河口潮汐动力加强，咸潮上溯影响明显，对生活用水影响越来越大。另外，珠江流域局部地区缺水严重，不同地区不同程度地存在资源性、工程性、水质性缺水问题。滇东南地区、桂西南及黔东南地区、桂中盆地等部分地区人畜饮水十分困难，干旱缺水严重，属于资源性缺水地区。滇东南、黔中、桂中等大部分地区均由于供水工程不足，已建工程部分老化失修，而存在工程性缺水问题。部分地区生活、工业用水量快速增长，不但加剧了水资源的供需矛盾，而且导致排污量相应增加，带来严重的水质污染。珠江三角洲、南北盘江等地区由于供水水源受到污染，出现了水质性缺水。流域局部地区水资源短缺问题，已成为当地经济发展的制约因素。

　　针对珠江流域突出的水生态环境问题，以流域水环境综合整治、水生态空间优化为重点，全面强化工业、生活污水处理、面源污染综合治理，加强排污口管控，从源头控制水污染。围绕优化水生态空间开发格局，加强侵占水生态空间腾退以及用途管制。东江源、高原湖泊等江河源头和重要湖泊以水源涵养、珍稀水生物物种保护为主，重点实施源区湿地、湖泊的保护与修复。开展以石漠化治理、水土涵养为重点的水土保持生态建设。实施水电梯级开发河段的水生态保护与修复，在控制河段开发程度基础上确保敏感期生态需水要求。珠江三角洲以生物多样性保护为主，加强珠三角等地区水环境综合整治、滨河湿地与河口滩涂湿地保护与修复，强化水系连通及城市生态补水工程建设，构建沿江绿色生态廊道及三角洲生态水网。

7.6　松辽流域

松辽流域（包括松花江流域和辽河流域）是我国重要的工业基地和粮食主产区。由于经济社会布局与水资源分布不匹配，近年来，随着大规模水土资源开发，流域河湖水生态系统退化、农业面源污染、化工产品污染、水土流失、部分地区河道断流、沼泽湿地萎缩、地下水超采等问题日益突出。有关松辽流域的更多介绍，参见专栏7.6。

专栏7.6

松　辽　流　域　概　况

1. 松花江流域

松花江流域地处我国东北地区的北部，行政区涉及内蒙古、吉林、黑龙江、辽宁四个省（自治区）。流域西部以大兴安岭为界，东北部以小兴安岭为界，东部与东南部以完达山脉、老爷岭、张广才岭、长白山等为界，西南部的丘陵地带是松花江和辽河两流域的分水岭。松花江流域是我国重要的工业基地和商品粮基地。

松花江流域地处温带大陆性季风气候区，春季干燥多风、夏秋降雨集中、冬季严寒漫长。降水的时空分布极不均匀，由东南向西北递减，6—9 月降水量占全年的 70%～80%，且年际变化也较大，最大年降水量约为最小年降水量的 3 倍，连续数年多雨和连续数年少雨的情况时有出现。

松花江流域是我国重工业基地的重要组成部分，是我国重要的农业、林业和畜牧业基地。然而，流域水资源保护形势严峻。流域水资源供需矛盾日益突出，水资源分布与生产力布局不协调，存在长期缺水情况，主要表现在农业灌溉供水不足。随着振兴东北老工业基地和国家粮食安全战略的实施，水资源的需求进一步增加，再加上全球气候变化影响加大，供需矛盾将更加突出，流域水资源面临的形势更加严峻。另外，随着经济社会的发展，流域水环境恶化及河湖横向连通受阻，导致河湖水生态功能退化，渔业资源减少，湿地萎缩，生物多样性下降。部分大中城市地下水严重超采，形成大面积地下水漏斗。

2. 辽河流域

辽河流域情况与松花江流域有相似之处。辽河发源于河北省境内七老图山脉的光头山，流经河北省、内蒙古自治区、吉林省、辽宁省，是我国重要的工业基地和商品粮基地。

辽河流域地处温带大陆性季风气候区，冬季严寒，夏季温热。流域地表水资源量年际变化较大，年内分配也极不均衡，水资源总量匮乏。特别是流域西部的西辽河流域，沙化明显，分布有流动或半流动沙丘，有著名的科尔沁沙地，水土流失及土壤沙化现象严重，生态环境较差。辽河流域的洪水由暴雨产生，80%～90% 出现在 7 月、8 月。一次暴雨一般在 3 天以内，主要雨量又多集中在 24 小时内。由于暴雨历时短、雨量集中，汇流速度快，洪水呈现陡涨陡落的特点。

辽河流域工业基础雄厚，能源、重工业产品在全国占有重要的地位，石油、化工、煤炭、电力、钢材等工业地位突出。同时，流域是重要的商品粮基地，主要作物是水稻、玉米、小麦和大豆等。但随着振兴东北地区等老工业基地振兴战略的深入实施，辽河流域工业化和城市化进程预计将进一步加快，粮食主产区的种植业和加工业将进一步发展，经济社会发展对水资源提出更高要求，水资源供需矛盾将更加突出。由于经济社会用水挤占了生态、环境用水，部分河流出现断流，河流下泄水量减少，湖泊、湿地及河口萎缩。部分城市地下水超采严重，已形成大面积地下水漏斗。另外，辽河流域水资源开发利用程度高，废污水排放量大，水污染问题突出。

针对水生态环境存在的突出问题，松辽流域水生态文明建设的重点是依托东北老工业基地振兴和国家粮食安全战略，积极推进节水型社会建设，发展现代化高效节水农业，加快灌区续建配套与节水改造。推进流域重点水源工程、引调水工程建设，加快实施吉林西部河湖连通等工程和界河水资源的开发，通过跨流域调水及合理配置流域工业、生活和生态用水，努力保障水生态用水量。以黑土区和重要河湖湿地保护为重点，加强水土流失治理，强化水资源保护，修复河湖湿地，改善水生态环境。合理有序开发利用周边跨界河流水资源，加强河湖水系连通，不断提高水资源水环境承载能力。

7.7 太湖流域

太湖流域地处长江三角洲南翼，是我国大中城市最密集、经济最具活力的地区。伴随流域经济社会快速发展，流域水安全面临严峻挑战，主要表现为流域水污染严重、湖泊萎缩、河湖连通性降低、水生态环境退化。有关太湖流域的更多介绍，参见专栏7.7。

专栏7.7

太 湖 流 域 概 况

太湖是我国东部最大的湖泊，也是我国第三大淡水湖。太湖流域地处长江三角洲的南翼，北抵长江，东临东海，南滨钱塘江，西以天目山、茅山为界，行政区划分属江苏、浙江、上海和安徽三省一市。

太湖流域地形特点为周边高、中间低，西部高、东部低，呈碟状。流域西部为山区，属天目山及茅山山区，中间为平原河网和以太湖为中心的洼地及湖泊，北、东、南三边受长江和杭州湾泥沙堆积影响，地势高亢，形成碟边。太湖流域是长江水系最下游的支流水系，江湖相连，水系沟通，依存关系密切。流域内河网如织，湖泊棋布，是我国著名的平原河网区。

太湖流域属亚热带季风气候区，四季分明，雨水丰沛，热量充裕。冬季受大陆冷气团侵袭，盛行偏北风，气候寒冷干燥；夏季受海洋气团控制，盛行东南风，气候炎热湿润。流域降水量充沛，但受季风强弱变化影响，降水的年际变化明显，年内雨量分配不均。太湖流域全年有3个明显的雨季：3—5月为春雨，特点是雨日多，雨日数约占全年雨日的30%；6—7月为梅雨期，梅雨期降水总量大、历时长、范围广，易形成流域性洪水；8—10月为台风雨，降水强度较大，但历时较短，易造成严重的地区性洪涝灾害。

太湖流域位于长江三角洲的核心地区，是我国经济最发达、大中城市最密集的地区之一，地理和战略优势突出。流域内工业技术基础雄厚，产业门类配套齐全，资源加工能力强，技术水平、管理水平和综合实力均处于全国领先水平。同时，太湖流域素以"鱼米之乡"和"丝绸之府"蜚声中外，是我国稻、麦、油菜种植区，也是桑、茶、竹等经济作物产区，还是淡水渔业基地。

太湖流域水资源开发利用程度较高，开发利用率高达82%，且流域地表水资源普遍受到不同程度的污染。太湖全湖平均水质劣于Ⅴ类，呈中度富营养化水平。受水污染影响，自20世纪90年代以来，太湖几乎每年都暴发不同程度的蓝藻水华。由于流域地表水污染严重，导致浅层地下水大面积受到污染，水生生态系统明显受损，水体中的浮游生物种类中耐污物种增多，底栖动物和沉水植物减少。

太湖流域水生态文明建设重点应进一步加大水资源保护力度，修复退化水生生态。以东部水网区河湖水系连通为切入点，以流域水环境绿色综合治理为重要抓手，进一步完善利用太湖调蓄、北向长江引排、东出黄浦江供排、南排杭州湾的流域绿色综合治理格局，加快构建布局合理、引排得当、循环通畅、调控自如的现代化水网体系。以太湖及主要入湖河流、省际重要河湖等重点区域的水资源保护和水生态修复为重点，通过河湖水系整治和强化圩区建设管理，加强水系沟通、促进水体流动，加强河网河岸植被绿地保护。实施湿地生态修复与保护、生态防护林建设、水产清洁养殖与围网整治等综合治理措施，改善河湖生态环境。

第 8 章

结 论 与 建 议

8.1 主要结论

本书针对水生态文明建设的概念内涵、目标准则、现状形势、总体思路、战略对策以及流域重点等内容开展相关研究，形成以下结论。

（1）通过分析我国水生态环境状况，得出目前我国水生态环境主要问题包括以下五个方面：①水生态涵养空间和能力退化，水源涵养区、河湖沼泽区、蓄洪滞涝洼淀区、湿地绿洲区、水生生物栖息地等水生态涵养空间不断缩减，水生态空间格局变化显著；②河湖水沙循环条件变化显著，受人类活动等因素影响，众多河湖的水文条件、泥沙输移状况有较大变化，河湖水文-生态过程变化显著；③水生态环境承载约束日益趋紧，特殊的水情条件和不合理的开发利用，使得我国大部分区域水资源环境承载能力达到或接近上限；④水生态环境保护体制机制不完善，相关政策法规和技术标准仍有较大欠缺；⑤水环境保护意识与宣传力度不足，水生态环境保护的观念意识逐渐淡漠，有着悠久历史的水文化遗迹渐遭破坏，和谐的亲水环境日益减少，中华水文化传承危机日益增大。

（2）从有关机理和现实背景出发，本书提出水生态文明的概念是以生态文明理念为指导的，以保障经济社会可持续发展和实现水生态系统稳定健康为目标的，形成的用于规范人类涉水行为的，贯穿于水资源开发、利用、治理、配置、节约、保护等各方面和水利规划、建设、管理等各环节的一整套理念、技术和管理成果体系。水生态文明的核心是生态文明理念，灵魂是人水和谐，基本要求是保障经济社会可持续发展和实现水生态系统稳定健康，基本方法是"两个贯穿"，内容实质是理念、技术和管理三个维度。水生态文明建设包括系统性、均衡性、多样性、自律性、安全性和高效性六大特征。

（3）水生态文明建设应包括优化水生态空间开发格局、全面促进水资源节约利用、强化水生态系统保护与修复、健全水生态文明制度、提升水生态文明建设能力、加强水文化建设等六大任务。优化水生态空间开发格局要以构建水生态保护红线制度为核心，实现水生态空间与生产空间、生活空间的协调。全面促进水资源节约利用要坚持以节水型社会建设为核心，实施水资源消耗总量和强度双控行动。强化水生态系统保护与修复要坚持系统治理的手段，以流域为单元，以水为核心，协同推进水资源保护、水生态修复和水污染防治。健全水生态文明制度要围绕源头严防、过程严管、后果严惩的总体思路，加快推进水资源和水生态管控的五大关键制度建设。提升水生态文明建设能力要针对目前的薄弱环节，以监测体系建设、关键技术创新、人才队伍建设和强化执法监督四大重点任务为抓手。加强水文化建设要以水生态文明意识培育为主线，通过培育水生态文明意识，不断提升人水和谐的社会环境。

（4）推进水生态文明建设的战略对策包括八个方向。①划定水生态保护红线，加强水生态空间管控。通过全面开展水生态空间基础情况调查，明确需要保护的各类水生态空间，根据生态功能属性和保护目标确定生态保护红线范围，依据相关法律和事权责任划定生态保护红线，并建立完善水生态保护红线管控制度。②实施水资源消耗总量和强度双控行动，全面建立节水型社会。强化节水约束性指标管理和水资源承载能力刚性约束，推进重点领域节水，并构建水资源安全风险监测预警机制。③推进绿色水利工程建设，构建生态友好型水利基础设施网络。在完善水利工程科技创新体系基础上，推进规范标准的生态化改造和绿色水利工程建设，提升水利工程的综合效益，为推进水生态文明建设奠定绿色的基础设施网络。④加强流域综合整治，推进水陆统筹的生态流域建设。坚持系统治理的手段，推进江河流域综合整治，全面强化陆域治理与保护，推进江河流域水系连通，形成以流域为单元、水陆统筹的整体格局。⑤实施地下水保护与综合治理，全面提升提高地下水战略储备能力。严格地下水开采总量和水位双控制，深入推进地下水超采区治理与修复，并实施地下水水质保护与修复，构建良好健康的地下水资源系统。⑥推进重大水生态文明制度建设，创新水资源环境管理体制机制。通过建立健全水流产权制度，完善水资源有偿使用制度与水流生态保护补偿制度，探索建立水生态文明绩效考核和责任追究制度，不断完善水生态文明制度体系。⑦加强水资源水环境监测预警体系建设，着力推进水治理能力现代化。强化水资源环境基础信息监控，加快推进水生态空间管控体系建设，建立水资源承载能力监测预警体系，不断提高水生态文明建设的能力水平。⑧实施水情教育行动，培育绿色和谐水文化。通过将水情教育纳入国民教育体系和干部教育培训体系，推动绿色和谐水生态文明主流价值观培育，并鼓励公众积极参与水生态文明建设，营造良好的社会氛围。

8.2　有关建议

水生态文明建设是一项长期而系统的工程。为更好地推进水生态文明建设，本书提出建议意见如下。

（1）进一步加强水生态文明建设有关基础工作。水生态文明是一项全新的命题，建设水生态文明需要面对一系列新的问题，有些问题的解决需要相关的基础工作支持。研究过程中发现，水生态基础信息掌握不完整，制约了有关工作的开展。同时，关于推进河流系统治理等方面，仍有许多重大技术问题需要解决；目前有关水生态监测数据的缺乏，也给分析水生态问题、提出应对措施带来一定的障碍。因此，为了确保水生态文明建设的科学有效推进，需要进一步加强有关的基础工作：对重大的技术问题进行攻关，对水生态监测指标和监测体系进一步完善。

（2）加快开展试点建设推进先行先试。水生态文明建设的措施任务需要在实践中不断丰富、完善，因此需要在不同层面，通过试点建设，总结经验教训，起到示范效果。建议在两批城市试点工作的基础上，结合国家生态文明建设试点总体工作要求，推进以流域、乡村等为单元的生态文明试点建设，形成一批用于不同单元、可复制可移植的水生态文明建设经验，通过以试点带动先行先试，由点及面，形成全国水生态文明建设的整体推进氛围。

（3）完善水生态文明建设的政策支持。完善跨部门协调机制。在部门协调层面，水利要发挥重要的核心作用，环保、住建、国土、农业、林业等多部门，要根据职能划分，各有侧重，共同配合，同步推进。在区域协调层面，水利部、流域机构、省区市水利部门要形成上下联动机制。完善水生态文明建设的资金支持。在保障各级财政投入会生态文明建设的基础上，建立健全多渠道投入机制，积极推广 PPP 模式，引导社会资本参与水生态文明建设。建立相应的责任考核机制，明确各部门、各地区水生态文明建设的目标任务和责任机制，通过定期督导检查，推进水生态文明建设任务的完成。

参 考 文 献

［1］ Beck U. Risk society: Towards a new modernity ［M］. London: Sage Publications，1992.

［2］ Blake N M. Land into Water – Water into Land: A History of Water Management in Florida ［M］. Tallahassee，USA: University Presses of Florida，1980.

［3］ Hassan J. A history of water in modern England and Wales ［M］. Manchester，UK: Manchester University Press，1998.

［4］ Heyd D. Are We Our Descendants' Keepers? ［C］ //Germ – Line Intervention and Our Responsibilities to Future Generations. Dordrecht，The Netherlands: Springer，1998: 131 – 145.

［5］ Holmes B H. A History of Federal Water Resources Programs，1800 – 1960 ［M］. Washington: US Department of Agriculture，Economic Research Service，1972.

［6］ J W 雅各布. 美国水利工程规划与评价 ［J］. 水利水电快报，2005（22）：1 – 4.

［7］ Meyer M C. Water in the Hispanic Southwest: A Social and Legal History，1550 – 1850 ［M］. Tucson，Arizona: University of Arizona Press，1996.

［8］ Perret S R. Water policies and small holding irrigation schemes in South Africa: a history and new institutional challenges ［J］. Water Policy，2002，4（3）：283 – 300.

［9］ Rogers J R，Brown G O，Garbrecht J D. Water Resources and Environmental History ［M］. Reston，Virginia: ASCE Publications，2004.

［10］ Serageldin I. Toward sustainable management of water resources ［M］. Washington D. C.: The World Bank，1995.

[11] Tennessee River and Reservoir System Operation and Planning Review：Final Environmental Impact Statement［R/OL］. Tennessee Valley Authority，1990［2020 - 07 - 28］. https：//www. nrc. gov/docs/ML0735/ML073510316. pdf.

[12] Van de Ven G P. Man - made lowlands，history of water management and land reclamation in the Netherlands. International Commission on Irrigation and Drainage（ICID）［M］. Utrecht，The Netherlands，Matrijs：2004.

[13] 白梅，冀紫钰. 浅谈澳大利亚水敏感城市设计［J］. 建筑设计管理，2014，31（3）：62 - 64.

[14] 鲍超，方创琳. 干旱区水资源开发利用对生态环境影响的研究进展与展望［J］. 地理科学进展，2008（3）：38 - 46.

[15] 贝克，吴英姿，孙淑敏. 世界风险社会［M］. 南京：南京大学出版社，2004.

[16] 布莱恩，巴里. 正义诸理论［M］. 长春：吉林人民出版社，2005.

[17] 常青. 印度的洪水灾害及对策［J］. 自然资源，1992（6）：75 - 79.

[18] 车伍，李俊奇. 城市雨水利用技术与管理［M］. 北京：中国建筑工业出版社，2006.

[19] 陈海燕，尹美娥. 保加利亚水资源开发与管理——各国水概况系列之六［J］. 水利发展研究，2008（2）：72 - 76.

[20] 陈虎军. 中国水污染防治法律制度研究［D］. 哈尔滨：黑龙江大学，2009.

[21] 陈进. 水生态文明建设的方法与途径探讨［J］. 中国水利，2013（4）：4 - 6.

[22] 陈雷. 继往开来与时俱进在新的历史起点上推进水利又好又快发展——在水利部纪念改革开放 30 周年干部大会上的讲话［J］. 中国水利，2009（24）：1 - 8.

[23] 陈雷. 加强水生态文明建设大力节约保护水资源——写在 2013 年世界水日和中国水周之际［J］. 中国水利，2013（6）：10002 - 10003.

[24] 陈明忠，孙烨. 多瑙河流域国际水管理简介［J］. 水利经济，1991（4）：68 - 70.

[25] 陈明忠. 关于水生态文明建设的若干思考［J］. 中国水利，2013（15）：1 - 5.

[26] 陈平，刘正祥，蒋晓红．论农田水利工程与生态系统的协调发展 [J]．中国农村水利水电，2004 (6)：1－4．

[27] 陈湘满．美国田纳西流域开发及其对我国流域经济发展的启示 [J]．世界地理研究，2000，9 (2)：87－92．

[28] 成金华，冯银．我国环境问题区域差异的生态文明评价指标体系 设计 [J]．新疆师范大学学报（哲学社会科学版），2014，35 (1)：30－37．

[29] 程功舜．我国水资源保护的法律制度及其完善 [J]．河南科技大学 学报（社会科学版），2010 (4)：91－94．

[30] 程晓陶．加强水旱灾害管理的战略需求与治水方略的探讨 [J]．水 利学报，2008 (10)：1197－1203．

[31] 崔国韬，左其亭，窦明．国内外河湖水系连通发展沿革与影响 [J]．南水北调与水利科技，2011，9 (4)：73－76．

[32] 邓建明，周萍．浅谈人类文明史各阶段的人水关系 [J]．水利发展 研究，2013，13 (9)：87－90．

[33] 邓建明，周萍．推进水生态文明理念融入经济建设的几点思考 [J]．水利发展研究，2014 (1)：19．

[34] 董斌．灌溉−排水−湿地综合管理系统（WRSIS）[J]．中国水利，2006 (13)：69．

[35] 董哲仁．欧盟水框架指令的借鉴意义 [J]．水利水电快报，2009，30 (9)：73－77．

[36] 董哲仁．试论生态水利工程的基本设计原则 [J]．水利学报，2004 (10)：1－6．

[37] 杜贞栋，王维平，张保祥，等．德国水利可持续发展的经验 [J]．山东水利，2005 (12)：47－48．

[38] 方印．生态环境用水法律精神的创新性研究——评比较法专著 《生态环境用水法理创新和应用研究》[J]．河南财政税务高等专科 学校学报，2013，27 (2)：56－60．

[39] 傅春，冯尚友．水资源持续利用（生态水利）原理的探讨 [J]．水 科学进展，2000 (4)：436－440．

[40] 谷树忠，胡咏君，周洪．生态文明建设的科学内涵与基本路径 [J]．资源科学，2013 (1)：2－13．

[41] 顾浩，矫勇．中国水利现代化研究 [M]．北京：中国水利水电出

版社，2004.

[42] 顾浩. 中国水利现代化研究 [J]. 水利水电技术，2004（1）：26 - 29，38.

[43] 郭文芳.《太湖流域管理条例》立法背景及主要内容 [J]. 中国水利，2011（21）：5 - 6.

[44] 国家统计局. 新中国六十年统计资料汇编 [G]. 北京：中国统计出版社，2010.

[45] 韩丽宇. 乌克兰的水资源开发利用与管理——各国水概况系列之七 [J]. 水利发展研究，2009（5）：61 - 66.

[46] 韩瑞. 中国特色社会主义生态文明建设道路研究 [D]. 大连：辽宁师范大学，2013.

[47] 何学民. 我所看到的美国水电（之九）——美国科罗拉多河流域格伦峡谷水坝及适应性管理 [J]. 四川水力发电，2007（1）：127 - 131.

[48] 贺缠生，傅伯杰. 美国水资源政策演变及启示 [J]. 资源科学，1998（1）：73 - 79.

[49] 胡鞍钢，王亚华. 国情与发展：中国五大资本动态变化（1980—2003）与长远发展战略 [M]. 北京：清华大学出版社有限公司，2005.

[50] 胡鞍钢. 中国政治经济史论（1949—1976）[M]. 北京：清华大学出版社，2007.

[51] 胡鞍钢. 中国：民生与发展 [M]. 北京：中国经济出版社，2008.

[52] 胡德胜. 生态环境用水法理创新和应用研究：基于 25 个法域之比较 [M]. 西安：西安交通大学出版社，2010.

[53] 胡晓娟. 日本琵琶湖管理借鉴 [J]. 环境，2007（8）：34 - 35.

[54] 环境保护部. 2013 中国环境质量报告 [R]. 北京：中国环境出版社，2014.

[55] 黄俊铭，解建仓，张建龙. 基于博弈论的水资源保护补偿机制研究 [J]. 西北农林科技大学学报（自然科学版），2013（5）：196 - 200.

[56] 黄贤全. 美国政府对田纳西河流域的开发 [J]. 西南师范大学学报（人文社会科学版），2002，28（4）：118 - 121.

[57] 黄永基，陈晓军. 我国水资源需求管理现状及发展趋势分析 [J]. 水科学进展，2000，11（2）：215 - 220.

[58] 黄钰铃，惠二青，员学锋. 西南地区水资源可持续开发与利用

［J］. 水资源与水工程学报，2005（2）：46－49，54.

［59］　黄苗. 水生态文明建设的指标体系探讨［J］. 中国水利，2013（6）：17－19.

［60］　贾琳琳. 我国开征水污染税的制度研究［D］. 石家庄：河北经贸大学，2013.

［61］　金亚楠. 改革开放以来中国特色社会主义生态文明建设研究［D］. 呼和浩特：内蒙古大学，2014.

［62］　康玲，黄云燕，杨正祥，等. 水库生态调度模型及其应用［J］. 水利学报，2010（2）：134－141.

［63］　李国英. 全面落实《太湖流域管理条例》　推进太湖流域水利事业又好又快发展［J］. 中国水利，2011（21）：1－4.

［64］　李晶，王新义，贺骥. 英国和德国水环境治理模式鉴析［J］. 水利发展研究，2004（1）：52－54.

［65］　李晶. 我国水生态文明城市建设的政策构想与初步探索［J］. 水利发展研究，2013，13（6）：1－5.

［66］　李景保，曾南雁，李敏. 论湖南农业防洪抗旱减灾的根本之路［J］. 农业现代化研究，2002（3）：237－239.

［67］　李蕾，李红. 城市滨水区开发的转型机制研究——从舟楫往来之利到现代城市的生态疆界［J］. 华中建筑，2006（3）：119－122.

［68］　李庆. 印度水利工程的环境影响综述［J］. 水利水电快报，2004，25（10）：6－10.

［69］　李森，吕红，耿福萍. 借鉴德国管理经验发展乡镇供水协会［J］. 水利发展研究，2003（9）：51.

［70］　李世东. 中国生态状况报告2005：生态综合指数与生态状况基本判断［M］. 北京：科学出版社，2006.

［71］　李文华，张彪，谢高地. 中国生态系统服务研究的回顾与展望［J］. 自然资源学报，2009，24（1）：1－10.

［72］　李香云. 印度的国家水政策和内河联网计划［J］. 水利发展研究，2009（4）：64－68.

［73］　李远，王晓霞. 我国农业面源污染环境管理：公共政策展望［J］. 环境保护，2006（11）：23－26.

［74］　李振泉，杨万钟，陆心贤. 中国经济地理［M］. 上海：华东师大出版社，2015.

[75] 李镇炎. 我国流域生态补偿法律制度研究 [D]. 昆明：昆明理工大学，2011.

[76] 李中锋，李丹颖，王志强. 德国的水资源管理与技术创新 [J]. 中国水利，2009（23）：62 - 64.

[77] 梁建义. 以水利法治建设保障水利可持续发展 [J]. 中国水利，2009（20）：32 - 33.

[78] 林军. 伤口还是丰碑：世界调水，在摸索中前行 [J]. 科海故事博览（科技探索），2007（11）：11 - 13.

[79] 刘保莉，曹文志. 可持续雨洪管理新策略——低影响开发雨洪管理 [J]. 太原师范学院学报（自然科学版），2009（2）：111 - 115.

[80] 刘昌明，傅国斌，李丽娟. 西部水资源与生态环境建设 [J]. 矿物岩石地球化学通报，2002（1）：7 - 11.

[81] 刘昌明. 中国水文地理 [M]. 北京：科学出版社，2014.

[82] 刘佳俊，董锁成，李泽红. 中国水资源承载力综合评价研究 [J]. 自然资源学报，2011，26（2）：258 - 269.

[83] 刘树坤. 中国水利现代化初探 [J]. 水利发展研究，2002，2（12）：7 - 11.

[84] 刘小雪. 辨析印度经济发展模式及对我国的借鉴意义 [J]. 经济学动态，2008（6）：128 - 133.

[85] 流域管理法律政策与应用研究——以印度为例 [J]. 河南财经政法大学学报，2012（3）：119 - 125.

[86] 龙笛，潘巍. 六库联调构建生态防洪抗旱体系 [J]. 中国水土保持，2006（1）：10 - 12.

[87] 娄溥礼. 水利的历史作用与现代使命 [J]. 中国水利，1986（1）：15.

[88] 罗怀良. 试论西南地区水能开发与经济持续发展 [J]. 西南师范大学学报（哲学社会科学版），1997（4）：28 - 31.

[89] 罗兴佐. 对当前若干农田水利政策的反思 [J]. 调研世界，2008（1）：13 - 15.

[90] 吕瑞斌. 印度水污染防治中的环境监测机制研究 [J]. 知识经济，2014（5）：24.

[91] 吕孙云，许银山，兰岚，等. 基于优化-模拟技术的生态库容 [J]. 水科学进展，2013（3）：402 - 409.

［92］　马存利. 水生态文明的法理分析及其制度构建［J］. 河海大学学报（哲学社会科学版），2008，10（3）：60－63.

［93］　马建华. 推进水生态文明建设的对策与思考［J］. 中国水利，2013（10）：1－4.

［94］　麦乔威. 印度的洪水灾害及防御措施［J］. 人民黄河，1982（6）：63－65.

［95］　毛翠翠，左其亭. 人水关系研究进展与关键问题讨论［J］. 南水北调与水利科技，2011，9（5）：74－79.

［96］　梅锦山. 水生态文明建设分区分类策略初探［J］. 中国水利，2013（15）：23－27.

［97］　闵庆文，于贵瑞，余卫东. 西北地区水资源安全的生态系统途径［J］. 水土保持研究，2003（4）：272－274，307.

［98］　牟丽环，钟家玉. 英国整体污染控制制度给中国生态城市建设的启示［J］. 重庆与世界，2011（21）：55－57.

［99］　乃菲莎·尼合买提. 我国环境污染税收法律制度探析［D］. 上海：华东政法大学，2008.

［100］　欧阳志云，孟庆义，马冬春. 北京水生态服务功能与水管理［J］. 北京水务，2010（1）：9－11.

［101］　彭世彰，纪仁婧，杨士红，等. 节水型生态灌区建设与展望［J］. 水利水电科技进展，2014（1）：1－7.

［102］　钱永，张兆吉，费宇. 华北平原浅层地下水可持续利用潜力分析［J］. 中国生态农业学报，2014（8）：890－897.

［103］　乔文军，臧波，周胜. 华中水资源及其可持续利用对策［J］. 湖北农学院学报，2004（4）：334－338.

［104］　沈百鑫，沃尔夫冈·科克. 德国水管理和水体保护制度概览（上）——德国水法和水管理理念［J］. 水利发展研究，2012（8）：73－78.

［105］　沈百鑫，沃尔夫冈·科克. 德国水管理和水体保护制度概览（下）——协调制度和农业中的水体保护［J］. 水利发展研究，2012（10）：90－95.

［106］　沈百鑫. 比较法视野下的水法立法目的——我国水法与欧盟《水框架指令》及德国《水平衡管理法》［J］. 水利发展研究，2014（3）：27－35.

[107] 沈百鑫. 德国和欧盟水法概念考察及对中国水法之意义（上）[J]. 水利发展研究，2012（1）：71－76.

[108] 沈百鑫. 德国和欧盟水法概念考察及对中国水法之意义（下）[J]. 水利发展研究，2012（2）：82－88.

[109] 沈百鑫. 德国洪水风险管理法律制度 [J]. 水利发展研究，2013（7）：71－78.

[110] 沈百鑫. 德国湖泊治理的经验与启示（上）[J]. 水利发展研究，2014（5）：72－79.

[111] 沈百鑫. 德国湖泊治理的经验与启示（下）[J]. 水利发展研究，2014（6）：86－92.

[112] 沈月娣. 论太湖流域水资源环境的法律保护 [J]. 浙江林学院学报，2001，18（4）：428－432.

[113] 石秋池. 欧盟水框架指令及其执行情况 [J]. 中国水利，2006（22）：65－66.

[114] 宋代风. 可持续雨水管理导向下住区设计程序与做法研究 [D]. 杭州：浙江大学，2012.

[115] 孙国升. 南水进京后北京供水保障战略展望 [J]. 水利发展研究，2015，15（1）：51－54.

[116] 孙丽娟，费寿娥，曹绪峰. 城市景观水生态修复方法研究进展与发展趋势 [J]. 金陵科技学院学报，2008（2）：77－80.

[117] 孙晓山. 对抓好水生态文明建设的思考 [J]. 中国水利，2013（23）：21－23.

[118] 谈国良，万军. 美国田纳西河的流域管理 [J]. 中国水利，2002（10）：157－159.

[119] 谭伟. 《欧盟水框架指令》及其启示 [J]. 法学杂志，2010（6）：118－120.

[120] 唐葆君，胡玉杰，魏一鸣. 我国东北地区能源、经济、环境、生态承载力研究 [J]. 中国能源，2015（1）：31－36.

[121] 唐克旺. 水生态文明的内涵及评价体系探讨 [J]. 水资源保护，2013（4）：1－4.

[122] 唐克旺. 水生态文明建设现状、问题及对策 [J]. 中国水利，2013（15）：43－46.

[123] 唐晓燕，曹学章，王文林. 美国和加拿大水利工程生态调度管

理研究及对中国的借鉴 [J]. 生态与农村环境学报，2013 (3)：394-402.

[124] 田贵全. 德国的水质分类、水环境质量及污水处理 [J]. 山东环境，1998 (5)：55-56.

[125] 童国庆. 日本琵琶湖水污染治理对我国的启示 [J]. 江苏纺织，2007 (12A)：13-15.

[126] 万育生，张继群，姜广斌. 我国水资源管理制度的研究 [J]. 中国水利，2005 (7)：16-20.

[127] 汪恕诚. 水利发展与历史观 [J]. 中国水利，2007 (23)：1-2.

[128] 汪恕诚. 资源水利 人与自然和谐相处 [M]. 北京：中国水利水电出版社，2003.

[129] 汪易森. 日本琵琶湖保护治理的基本思路评析 [J]. 水利水电科技进展，2005，24 (6)：1-5.

[130] 王成丽，韩宇平，阮本清，等. 中国区域发展的水生态安全评价 [J]. 中国水利水电科学研究院学报，2010，8 (1)：34-38.

[131] 王道波，张广录，周晓果. 华北水资源利用现状及其宏观调控对策研究 [J]. 干旱区资源与环境，2005 (2)：46-51.

[132] 王建龙，车伍，易红星. 基于低影响开发的城市雨洪控制与利用方法 [J]. 中国给水排水，2009，25 (14)：6-9.

[133] 王丽霞，任朝霞，任志远，等. 基于生态功能分区的陕北延河流域旱地系统生态需水测评 [J]. 农业工程学报，2012 (6)：156-161.

[134] 王淑军. 人类文明演进中的人水关系变迁 [J]. 山东水利，2014 (4)：18.

[135] 王思思，张丹明. 澳大利亚水敏感城市设计及启示 [J]. 中国给水排水，2010 (20)：64-68.

[136] 王威，王金生，滕彦国，等. 国内外针对突发性水污染事故的立法经验比较 [J]. 环境污染与防治，2013，35 (6)：83-86.

[137] 王文珂. 水生态文明城市建设实践思考 [J]. 中国水利，2013 (23)：33-36.

[138] 王亚华，胡鞍钢. 黄河流域水资源治理模式应从控制向良治转变 [J]. 人民黄河，2002 (1)：23-25.

[139] 王亚华，黄译萱，唐啸. 中国水利发展阶段划分：理论框架与评判 [J]. 自然资源学报，2013，28 (6)：922-930.

[140] 王亚华. 中国水利发展阶段研究 [M]. 北京：清华大学出版社，2013.

[141] 王亚华. 中国治水转型：背景，挑战与前瞻 [J]. 水利发展研究，2008，7 (9)：4－9.

[142] 王燕，施维蓉.《欧盟水框架指令》及其成功经验 [J]. 节能与环保，2010 (7)：14－16.

[143] 王园欣. 淮河典型河流生态需水及保障机制研究 [D]. 郑州：郑州大学，2014.

[144] 翁立达，彭彪，彭盛华. 美国水资源保护考察报告 [J]. 水资源保护，2004 (6)：64－68.

[145] 吴丹，吴凤平. 区域供水系统绩效评价研究 [J]. 水利经济，2009 (1)：19－23.

[146] 吴明红. 中国省域生态文明发展态势研究 [D]. 北京：北京林业大学，2012.

[147] 夏军，刘孟雨，贾绍凤. 华北地区水资源及水安全问题的思考与研究 [J]. 自然资源学报，2004，19 (5)：550－560.

[148] 肖文华. 中国特色社会主义生态文明建设历程研究 [D]. 北京：北京工业大学，2012.

[149] 谢剑，王满船，王学军. 水资源管理体制国际经验概述 [J]. 世界环境，2009 (2)：14－16.

[150] 谢秋凌. 美国生态环境保护法律制度简述 [J]. 昆明理工大学学报（社会科学版），2008 (1)：10－14.

[151] 邢薇，赵冬泉，陈吉宁，等. 基于低影响开发（LID）的可持续城市雨水系统 [J]. 中国给水排水，2011，27 (20)：13－16.

[152] 徐洪文，卢妍. 水生植物在水生态修复中的研究进展 [J]. 中国农学通报，2011 (3)：413－416.

[153] 徐溧伶. 德国水资源管理与生态保护可持续发展战略初探 [J]. 珠江现代建设，2011 (3)：6－9.

[154] 薛惠锋，岳亮. 人水关系历史渊源研究 [J]. 山西师大学报（自然科学版），2005，9 (1)：62－66.

[155] 杨翠柏，陈宇. 印度水资源法律制度探析 [J]. 南亚研究季刊，2013 (2)：87－92.

[156] 杨道波. 流域生态补偿法律问题研究 [J]. 环境科学与技术，

2006，29（9）：57－59.

[157] 杨林章，冯彦房，施卫明，等. 我国农业面源污染治理技术研究进展 [J]. 中国生态农业学报，2013（1）：96－101.

[158] 杨柳燕，胡志新，何连生，等. 中国湖泊水生态系统区域差异性 [M]. 北京：科学出版社，2013.

[159] 杨梦斐，李兰. 水力发电的生命周期温室气体排放 [J]. 武汉大学学报（工学版），2013（1）：41－45.

[160] 杨霞. 美国非点源参与水质交易法律机制研究 [D]. 杭州：浙江农林大学，2011.

[161] 叶建春. 全力抓好《太湖流域管理条例》贯彻实施 [J]. 中国水利，2011（21）：7－8.

[162] 叶寿仁，吴志平. 东南诸河区水资源综合规划概要 [J]. 中国水利，2011（23）：121－123，104.

[163] 雍婷，许银山，梅亚东. 基于生态流量要求的调度图优化及生态库容研究 [J]. 水力发电学报，2013（1）：89－95.

[164] 于鲁冀，吕晓燕，宋思远，等. 河流水生态修复阈值界定指标体系初步构建 [J]. 生态环境学报，2013（1）：170－175.

[165] 禹雪中，廖文根，骆辉煌. 我国建立绿色水电认证制度的探讨 [J]. 水力发电，2007，33（7）：1－4.

[166] 庾莉萍. 关于水资源保护生态补偿机制的思考 [J]. 环境教育，2008（9）：45－47.

[167] 昝玉红. 武汉市供水节水现状分析及取水定额研究 [D]. 武汉：武汉大学，2005.

[168] 詹卫华，邵志忠，汪升华. 生态文明视角下的水生态文明建设 [J]. 中国水利，2013a（4）：7－9.

[169] 詹卫华，汪升华，李玮，等. 水生态文明建设"五位一体"及路径探讨 [J]. 中国水利，2013b（9）：4－6.

[170] 张炳淳. 德国《废水纳税法》评介 [J]. 现代企业，2010（11）：42－43.

[171] 张炳淳. 生态税的法律建构研究 [D]. 武汉：武汉大学，2009.

[172] 张昌顺，谢高地，鲁春霞. 中国水环境容量紧缺度与区域功能的相互作用 [J]. 资源科学，2009，31（4）：559－565.

[173] 张诚，严登华，秦天玲. 试论水生态文明建设的理论内涵与支撑

技术 [J]. 中国水利，2014 (12).

[174] 张丹明. 美国城市雨洪管理的演变及其对我国的启示 [J]. 国际城市规划，2010 (6)：83-86.

[175] 张感山. 湖北水资源统一管理的对策思路 [J]. 中国水利，2002 (1)：67-68.

[176] 张光辉，连英立，刘春华. 华北平原水资源紧缺情势与因源 [J]. 地球科学与环境学报，2011 (2)：172-176.

[177] 张捷斌，左其亭. 共同努力，保护人类的生存和发展根基生态环境——评《生态环境用水法理创新和应用研究》[J]. 南水北调与水利科技，2012，10 (3)：21-21.

[178] 张森，陈菁，张营灏，等. 基于生态水利工程学的黄河故道徐州段生态治理 [J]. 水利经济，2014 (1)：62-63.

[179] 张小马，张嘉涛，游益华. 加强水利普法宣传 促进水利法治建设 [J]. 江苏水利，2013 (10)：2-4.

[180] 张修峰，刘正文，谢贻发，等. 城市湖泊退化过程中水生态系统服务功能价值演变评估——以肇庆仙女湖为例 [J]. 生态学报，2007，27 (6)：2349-2354.

[181] 张饮江，金晶，董悦，等. 退化滨水景观带植物群落生态修复技术研究进展 [J]. 生态环境学报，2012 (7)：1366-1374.

[182] 张岳. 新中国水利回顾与展望——水利辉煌 60 年 [J]. 水利经济，2009，27 (6)：1-6.

[183] 赵晨，蒋静. 芬兰生活污水防治立法评介 [J]. 水利水电快报，2006，27 (2)：9-10.

[184] 赵春光. 我国流域生态补偿法律制度研究 [D]. 青岛：中国海洋大学，2009.

[185] 赵同谦，欧阳志云，王效科，等. 中国陆地地表水生态系统服务功能及其生态经济价值评价 [J]. 自然资源学报，2003，18 (4)：443-452.

[186] 郑度. 中国生态地理区域系统研究 [M]. 北京：商务印书馆. 2008.

[187] 郑天柱，周建仁，王超. 污染河道的生态修复机理研究 [J]. 环境科学，2002 (S1)：115-117.

[188] 郑月芳.《浙江省建设项目占用水域管理办法》的立法评介 [J].

水利水电快报，2006，27（17）：7-8.

[189] 中国 21 世纪议程管理中心可持续发展战略研究组. 发展的格局：中国资源、环境与经济社会的时空演变 [M]. 北京：社会科学文献出版社，2010.

[190] 中国工程院"东北水资源"项目组，钱正英，沈国舫. 东北地区有关水土资源配置生态与环境保护和可持续发展的若干战略问题研究 [J]. 中国工程科学，2006（5）：1-24.

[191] 中国工程院"西北水资源"项目组. 西北地区水资源配置生态环境建设和可持续发展战略研究 [J]. 中国工程科学，2003（4）：1-26.

[192] 钟华平，王建生，杜朝阳. 印度水资源及其开发利用情况分析 [J]. 南水北调与水利科技，2011（1）：151-155.

[193] 钟玉秀. 水生态文明建设的实践路径认识及政策建议 [J]. 中国水利，2013（15）：28-31.

[194] 钟再群. 推进小型农田水利工程规范化和生态化建设的思考 [J]. 湖南水利水电，2012（4）：1-3.

[195] 周大兵. 改革开放 30 年中国水力发电事业成就与展望 [J]. 水力发电，2008（12）：1-7.

[196] 周海炜，唐晟佶. 印度内河联网计划及其面临的问题 [J]. 南水北调与水利科技，2013（5）：121-123.

[197] 朱兆良，孙波，杨林章，等. 我国农业面源污染的控制政策和措施 [J]. 科技导报，2005，23（5）：47-51.

[198] 左东启. 水力发电与环境生态 [J]. 水利水电科技进展，2005（2）：1-7.

[199] 左其亭. 人水和谐论——从理念到理论体系 [J]. 水利水电技术，2009，40（8）：25-30.

[200] 左其亭. 水生态文明建设几个关键问题探讨 [J]. 中国水利，2013（4）：1-3.

Abstract

Based on a systematic review of national and international practices of water ecological governance, this book expounded the concept and connotation of water ecological civilization and analyzed its status quo in China, from which an overall strategy to develop China's nation-wide water ecological civilization was proposed, followed by a general arrangement of such development in basins, regions, and urban and rural areas, along with main measures to be taken accordingly. This book disseminates information to scientifically understand the concept of water ecological civilization, progressively promote the practices of water ecological civilization development, and facilitate a harmonious relationship between humans and water for reaching the beautiful China goal.

This book serves as a reference for experts and scholars engaging in water ecological civilization development and water ecological protection and management, as well as for other audiences in pertinent fields.

148

Contents